U0319728

献给罗穆亚尔德、汤米和罗克珊

——埃莱娜·潘斯

献给达米安、米拉和汤米

——罗贝尔·潘斯

好奇鬼的自然大发现

给孩子超有趣的自然探索小百科

[法]埃莱娜·潘斯 [法]罗贝尔·潘斯 著
[法]洛朗·奥杜安 [法]埃洛迪·巴朗德拉 绘 时征 译

湖南科学技术出版社
·长沙·

图书在版编目（CIP）数据

好奇鬼的自然大发现 / (法) 埃莱娜 · 潘斯, (法)罗贝尔 · 潘斯著 ; (法) 洛朗 · 奥杜安, (法) 埃洛迪 · 巴朗德拉绘 ; 时征译. -- 长沙 : 湖南科学技术出版社, 2023.9
ISBN 978-7-5710-2375-1

Ⅰ. ①好… Ⅱ. ①埃… ②罗… ③洛… ④埃… ⑤时… Ⅲ. ①自然科学－儿童读物 Ⅳ. ①N49

中国国家版本馆CIP数据核字(2023)第146052号

HAOQIGUI DE ZIRAN DAFAXIAN
好奇鬼的自然大发现

著　　者: [法] 埃莱娜・潘斯　[法] 罗贝尔・潘斯
绘　　者: [法] 洛朗・奥杜安　[法] 埃洛迪・巴朗德拉
译　　者: 时　征
出 版 人: 潘晓山
总 策 划: 陈沂欢
策划编辑: 乔　琦
责任编辑: 李文瑶
特约编辑: 陈　莹　程　曦
责任美编: 殷　健
营销编辑: 许东年
版权编辑: 刘雅娟
装帧设计: 李文建　李　川
特约印制: 焦文献
制　　版: 北京美光设计制版有限公司
出版发行: 湖南科学技术出版社
地　　址: 长沙市开福区泊富国际金融中心40 楼
网　　址: http://www.hnstp.com
湖南科学技术出版社天猫旗舰店网址:
http://hnkjcbs.tmall.com
邮购联系: 本社直销科0731-84375808
印　　刷: 北京华联印刷有限公司
开　　本: 720mm × 1000mm 1/16　　印　　张: 11　　字 数: 96千字
版　　次: 2023年9月第1版
印　　次: 2023年9月第1次印刷
书　　号: ISBN 978-7-5710-2375-1
定　　价: 78.00元

目录

到高山上去

2 揭开大山的真面目
4 预知天气变化
6 没人比你更懂雪
8 真正的高山来客
10 来自植物的宝藏
12 妙用大自然的馈赠
14 出发去远足
16 仰望星空
18 揭开天空之谜
20 岩石知道答案
22 地下迷宫
24 认识山中的树
26 奔跑的羊
28 高山“原住民”
30 峭壁上的猛禽

朝森林深处进发

34 在橡树下
36 大树的奥秘
38 把种子带回家
40 不要轻易碰蘑菇!
42 美丽的“投毒者”
44 你会露营吗?
46 搭建自己的营地
48 真正的户外高手
50 祝你好胃口!

52 拜访林中的野兽
54 是谁在洞里?
56 松鼠和它的小伙伴们
58 树干争夺战
60 夜间的猛禽派对
62 它会不会蜇人?
64 不停结网的蜘蛛

在草原间穿梭

68 树莓的天堂
70 体验农场生活
72 一朵花的所有秘密
74 牧场里的好朋友
76 热闹的草原生活
78 稀奇古怪的爬行动物
80 蝴蝶还是飞蛾?
82 收藏鸟的遗物
84 掠食的猛禽
86 虫虫大合唱
88 小个子昆虫
90 从足迹追寻动物

发现池塘的小秘密

94 芦苇丛里的小世界
96 被隐藏的宝藏
98 池塘里的小动物
100 水生植物
102 痛快玩水
104 成为垂钓高手
106 “变态”的两栖动物

挑战江河激流

110 初见河流
112 水中的美味
114 河堤上的“居民”
116 请大树来帮忙
118 水獭与河狸
120 不用鱼竿钓鱼大赛
122 那些洄游的鱼
124 救救被污染的河流

向海洋问好

128 海上的风从哪儿来?
130 水的旅程
132 沙的魔法
134 当海水落潮时
136 在礁石间漫步
138 一起去赶海
140 海洋大寻宝
142 当心扎脚!

找回城市中的大自然

146 都市中的“丛林”
148 高楼上的“邻居”
150 带翅膀的小伙伴
152 花园的不速之客
154 不受欢迎的客人
156 阳台上的“自然保护区”
158 做个金牌园艺师
160 藏起来的好朋友

162 索引

到高山上去

揭开大山的真面目

越高越冷

登山时，我们向上爬得越高就感觉越冷：海拔每攀升1 000米，温度就会下降6.5℃。

其实我们乘车旅行时也是如此：向北方每行进1 000千米，温度也会下降6.5℃（如果是在南半球，则是向南方）。因此我们在高山和极地地区能发现一些相同的植物。

观察植被

在山脚下，你看到的植物多是丘陵地区耕种的农田。而向上攀爬一段，出现在你眼前的将是水青冈林和松林，这里已经是山地区域啦。再向上爬，你将看到亚高山区遍布野花的草原。更高的地方，你放眼望去则都是岩石、峭壁和冰川。此时，你已经站在山顶了，这里就是所谓的高山区。

版画般的群山

遥望远处的高山时，你会发现层叠的山脉仿佛是一幅层次分明的版画：距离越远的部分，颜色就越浅。

这是由于你和山峰之间的空气中充满了灰尘，而正是这些细小的颗粒将光线传向四面八方。

隔在你与大山之间的空气越厚，你的眼睛接收到的光线越少，这也就是为什么遥望远山时你会觉得距离越远颜色越淡。

侵蚀柱

在山中，你可能会看到一种头“戴”岩冠的奇怪土柱。下面的操作会让你了解它是怎么形成的。

在一个托盘里建一个夯实而且顶部平整的小沙丘，将几枚硬币放在上面。

将沙丘模型整个置于雨中：雨水的冲刷将使沙丘的大部分流失，除了顶部遮有硬币的部分。侵蚀柱的形成就是这个原理。

山中的这些岩石原本在地面上，但经过风雨长时间的侵蚀，它们的周遭都被挖空了。于是今天我们再看这些岩石，它们就好像帽子一样高高立于土柱上端。

夜晚的危险

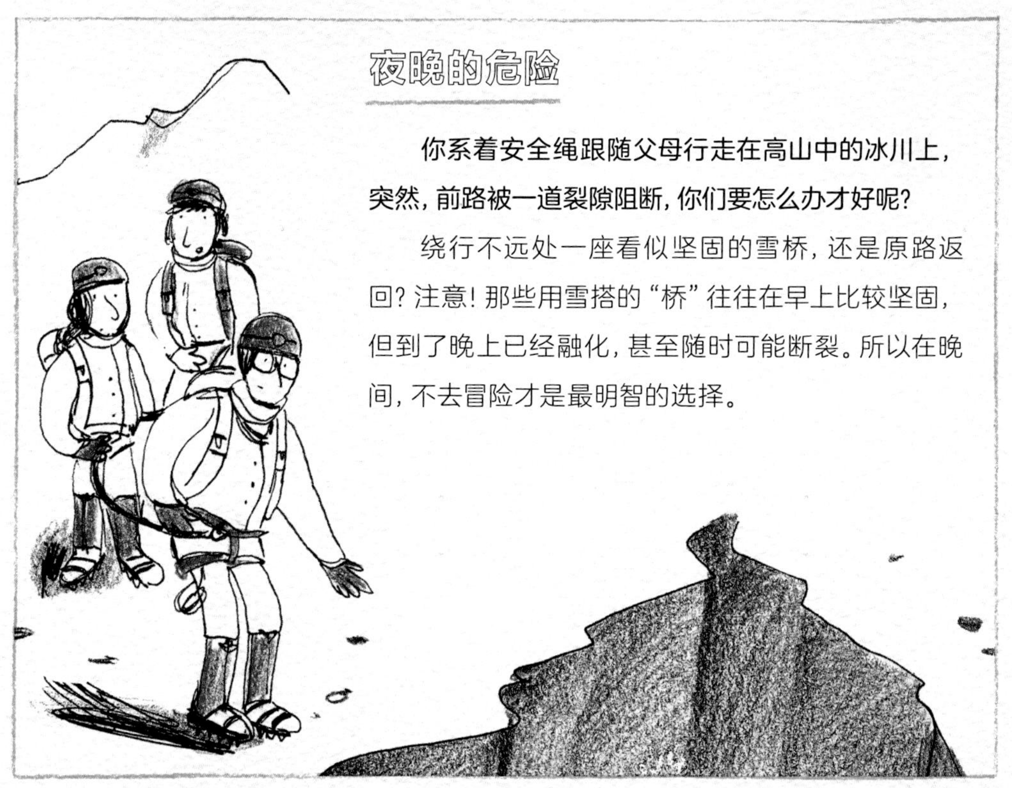

你系着安全绳跟随父母行走在高山中的冰川上，突然，前路被一道裂隙阻断，你们要怎么办才好呢？

绕行不远处一座看似坚固的雪桥，还是原路返回？注意！那些用雪搭的“桥”往往在早上比较坚固，但到了晚上已经融化，甚至随时可能断裂。所以在晚间，不去冒险才是最明智的选择。

预知天气变化

读懂云的讯息

你可以通过看云彩的形状来了解天气的变化：

- 如果你看到下面很平而顶部呈菜花状的白色积云或卷云，或者高空中有呈丝絮状的淡淡的云彩，那么今天会是个好天气！
- 如果天上出现高积云、很大片的卷云或絮状的卷积云，那说明就快要变天了。
- 如果你看到高层云或者铅灰色的纱状乌云，那最好穿上你的防风帽衫！
- 如果天上出现层云或者悬浮有雾，那接下来可能会飘起毛毛细雨。
- 如果阴沉沉的天空中堆着巨大的积雨云，恐怕是大雨将至，也有可能会出现雷雨、冰雹或者降雪。
- 如果天上出现层积云或大片的乌云，那毫无疑问是个坏天气！

向阳坡和背阴坡

向阳坡，是受到阳光直射的南面山坡，这里通常炎热干燥，利于喜光喜热的松树生长。

背阴坡，往往是笼罩在阴影中的北面山坡，这里是喜欢寒冷潮湿的冷杉的地盘。

雷雨离我们还远吗

计算一下你看到闪电和你听到雷声之间的时间差（一般只有几秒），把这个时间除以3，就可以得出雷雨距离我们有多远。

例如闪电和雷声的间隔是9秒，那么雷雨就已经到了距离我们9÷3，即3千米之外的地方。

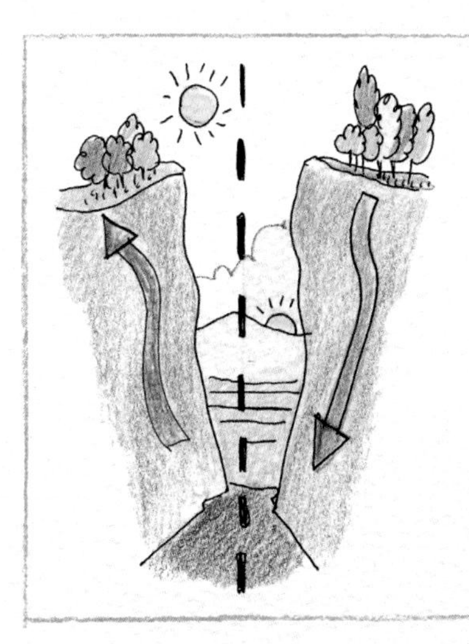

树叶之谜

在烈日炎炎的夏天，如果你正好处于某个狭窄的山谷中，不妨观察下身边的树叶：在早晨，树叶的顶端都是指向天空的，而到了17点或18点的傍晚时分，它们却都垂向地面！好神奇……

这其实是因为，清晨山谷中的空气在太阳的照射下升温，从而像热气球般上浮；而到了下午，山顶的冷空气则会一路向下到谷底。

下雨，还是出太阳

好天气的预兆：

- 在清晨看到苍白的天空，或者有淡淡的薄雾。
- 在白天看到清澈的蓝天，而且鸟儿飞得很高。
- 在落日时分看到火烧云，或者在夜晚能清晰地看到月亮和闪耀的群星。

坏天气的预兆：

- 清晨天色昏黄，但能清楚地看到远方。
- 雨燕在低空飞行，猫咪在仔细地梳洗，家畜都聚拢在牧场。

当心闪电

经常有出游的人因此丧命。

一旦遇到雷雨，请你远离高地、孤立的树和电线杆，可以选择躲在关好门的汽车里或者非金属材质的楼房里。

如果你身边没有上面提到的那些遮蔽物，就蹲坐在原地吧。条件允许的话，你可以事先铺一块绝缘的布在身下(例如雨披或者防水衣)。

没人比你更懂雪

雪崩的风险

请注意，在滑雪场，你经常会看到一面旗子，用来标明雪崩的危险等级。

黄色的旗子表示雪崩的风险很低，黑黄棋盘格的旗子表示需要提高警惕，而黑色的旗子则表示发生雪崩的可能性很大。

雪崩是一种很危险的自然现象：不稳定的积雪从高处顺坡向下滑落，引起大量雪体崩塌。雪崩可以分为高速滑落（速度可达每小时400千米）的干雪崩（又称粉雪崩）和缓慢下落(速度仅每小时20千米)但威力足以压垮沿途一切的湿雪崩(也叫块雪崩)。

雪结晶

捧一把雪放在黑色滑雪衫或一张黑色的纸之类的平整的深暗色表面上，仔细观察，你会发现每一片雪花的形状都不一样，但它们几乎都是六边形。

每片雪花都是由细小的冰结晶形成的：这些冰结晶吸附周围的水分子并联结在一起，最终呈现出六边形的形状。

叶子的故事

在地上有积雪的时候，你一定会注意到有一些落叶会覆盖在雪的表面，而另外一些却会陷入雪里，这是为什么呢？其实，这是颜色在搞鬼……

深色的树叶会吸收阳光从而缓慢升温，使它下面覆盖的雪融化。而浅色的树叶则会反射阳光，所以就留在了雪面上。

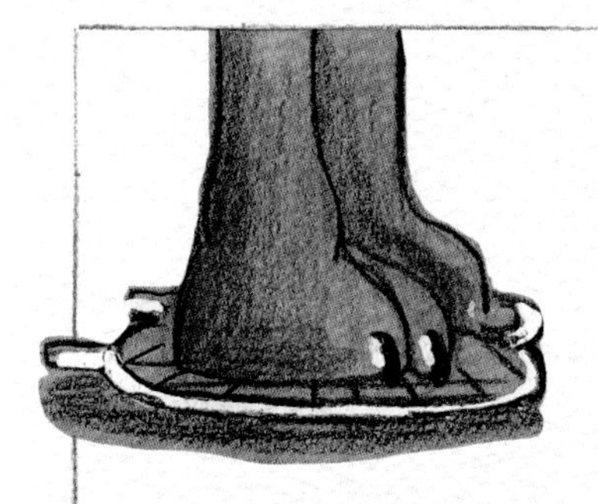

骆驼与雪鞋

当我们在雪面或沙地上行走时，脚常常会深陷其中。但是，骆驼为什么就能在沙漠柔软的沙地上行走自如呢？这得益于它们硕大的脚掌。

所以，为了在深雪中行进，人们仿照这个原理发明了雪鞋。雪鞋可以将人体的重量分散在更大的面积上，从而避免脚完全陷入雪中。好聪明！

寂静

我们听到的很多声音，都是经过周围很多表面（也包括地面）的反射后才传入我们耳中的。但是当这些表面上覆盖了一层厚厚的积雪时，声音就被积雪吸收了，所以我们身处雪地里时会觉得周围格外安静。

咔嚓！留下它的影像

测出雪花飘落的速度。

下雪的夜里，用一支LED手电筒水平照向雪面，让朋友用相机拍下手电以及被手电照亮区域的雪。请注意，不要打开闪光灯，并把快门的速度调成1/20秒。

每片雪花都会留下一道光痕，这就是它在1/20秒下落的距离。

通过与手电的大小进行对比，来估算一下这道光痕的长度。如果光痕的长度为10厘米，那么雪花在1/20秒内下落的距离就是10厘米，其速度就是每秒2米，即每小时7.2千米。

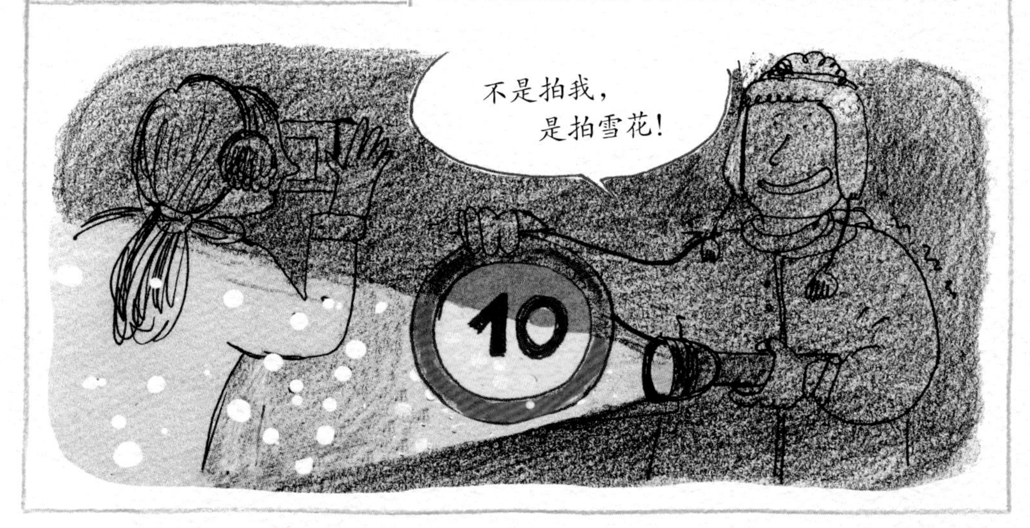

真正的高山来客

咫尺之遥

想知道远方某处与你之间的距离？简单！请伸直一只胳膊，竖起大拇指，闭上左眼，用右眼将拇指顶端对准你要测量的地方，然后保持手臂位置不变，换左眼来对准拇指顶端。这时你会发现，你的拇指顶端对准的位置移到了原先对准位置的右侧不远处。

接下来，利用目标地点附近的参照物，例如电线杆（通常高8米）或汽车（通常长4米），来估算出刚刚拇指所对准的位置向右侧移动的实际距离。

最后，请记住这个神奇的公式：目标地点与你之间的距离是你刚刚估算出的距离的10倍！

用树皮自制护目镜

极北地区的居民用树皮制成护目镜，来保护眼睛不被雪地反射的阳光刺伤。

试着像他们一样用桦树皮为自己做一个护目镜吧。记得在正对眼睛的位置划开两条缝隙，以便欣赏雪中的风景。将护目镜用细绳或橡皮筋固定在头部即可。

别小看这简单的自制护目镜，它能让你避免雪盲症（一种由雪地反射紫外线引发的严重眼疾）的发生。

靠树枝搭建的雪屋

你想在严寒的冬季拥有一间可以躲避风雪的小屋吗？亲自动手来建一间雪屋吧！

在地上立一根2米高的木杆，然后在周围用雪堆砌出一个高1.8米、半径1.4米的半圆形雪堆，这就是雪屋的雏形。

在半圆形的大雪堆表面，有规则地插上一些30厘米长的树枝，用来标注雪的厚度。

让你的雪屋静置一整夜，这会使它变得更坚固。第二天，选择避风的方位挖开一个40厘米宽的屋门出来。

最后，把屋里的雪掏出来，一直挖到从里面触碰到那些用来做标志的树枝的末端为止。

还想要更舒服一点？可以在屋里用雪堆出一个平台，当作餐桌或床……

S.O.S.应急躲避处

在森林的边缘找一棵树干高挺但树枝低垂的松树，便可以依靠它来躲避暴风雪。

当雪足够潮湿而有黏性时，便会因风力的作用在树下形成一个大雪堆。之后，你可以在雪堆避风的一侧挖开一个窟窿，再将入口处的雪压实，一个可供躲避的独立空间就形成了。

来自植物的宝藏

染坊

很多植物都可以用来染色，你不妨用自己的旧T恤衫来试试看。

首先，请先为你的T恤衫（最好是白色纯棉材质）选一种用来染新颜色的植物：例如用来染黄色的向日葵和洋葱皮，用来染浅绿色的鲜嫩羽扇豆，用来染黑褐色的胡桃壳……

准备好了吗？将你选好的植物和2升水放入锅中煮沸，并让水持续沸腾1小时。将T恤衫浸入锅中一起煮30分钟，在煮的过程中不时地用木勺进行搅动。然后关上火，让锅里的水冷却。取出T恤衫，脱水并晾干。完成了！

祝你好胃口

你知道哪些野生植物是可以吃的吗？

荨麻是一种能引起刺激性皮炎的常见植物，但你知道它其实也富含营养吗？把它和鱼类、肉类或蛋类中任意一种搭配在一起都能做成一道很好的菜肴。

用蒲公英锯齿形的叶子，你可以做出很棒的沙拉。将薄荷制成糖汁加到饮料或酸奶里，会产生独特的香味。虞美人新鲜的红色花瓣可以用来制作镇静剂，你要来一小杯吗？

自制麻绳

你只需要：

*荨麻的叶子和茎

用植物来自制麻绳和衣服？当然可以！不妨按下面的方法试试看！

1.要选用冬日的荨麻：在叶子掉光后，它的茎秆经受了寒冷和雨水的侵袭。取下茎秆，将里面的芯剥离，只留下茎皮纤维。

2.将三根茎皮纤维的一端打结系死，然后像编辫子一样把它们编在一起，就完成了一根麻绳。拥有很长且韧性十足的茎皮纤维的麻类植物，如大麻、亚麻和荨麻等，还可以用来纺线织布。一件用荨麻做的衬衫也很有趣，不是吗？

哎哟，扎疼我了

荨麻的茎叶表皮布满了蜇毛，一旦碰到人的皮肤就会让人感到瘙痒难忍。想在尽可能不被扎到的情况下徒手采集荨麻，你要选择拿叶子的背面；或者用剪刀直接将叶子剪下，在下面用一个敞口的篮子接住就好了。

然后，你可以采用烘烤的方式来去掉上面的蜇毛，或者小心地将这些茎叶与一点点油或白奶酪混在一起来避免蜇伤。

注意，“小花”也能带来大麻烦

在法国，自1982年起，很多濒临灭绝的野生植物都受到了保护。于是，如果有人采摘报春花、杓兰、火绒花和比利牛斯紫菀等100多种山区植物中的任何一种，都会被处以高额的罚款。

妙用大自然的馈赠

拿起你的羽毛笔

你发现了一根漂亮的羽毛？为什么不用它来练习书法呢？这可是源自罗马的一门古老艺术。

首先，花几天时间把羽毛放在阳光下晒干。然后把羽毛置于一锅烧开的沸水上方，通过蒸汽的作用让羽毛杆的根部变得坚硬而有韧性。

接着，用刀子在羽毛根部斜削一刀，削出笔尖。也别忘记由笔尖向上划一条刻痕，当作墨水槽。最后就只需要用砂纸把笔尖的正面打磨光滑，羽毛笔就完成了！

来自橡树的墨水

现在，你还需要制作一瓶墨水。

收集一些橡树的五倍子——这是一种因为昆虫在橡树叶上产卵寄生引起树叶异常发育而形成的小圆球。

将这些五倍子磨碎，连同十来个铁钉一起放入锅中，加入适量的水，沸煮半小时。过滤掉残渣后将液体放在火上加热，直到液体的颜色变成深红棕色，墨水就制作完成了。

自制奶酪

在家里自制奶酪？太简单啦！将1升牛奶倒入锅中加热到35℃，然后关掉火，加入4毫升凝乳酶（可以用柠檬汁代替），耐心等待大概2小时使奶慢慢凝结成冻。再重复加热15分钟，同时加以搅拌，直到凝乳沉积在锅的底部。

将得到的凝乳放到带透气孔的糕点模具里沥干。第二天，将奶酪从模具里取出来，在一面撒上盐，然后放到阴暗通风处。次日，再翻过来在另一面上撒盐。随后的7天里，每天不停翻转进行盐渍。接下来将奶酪放到冰箱里几个星期，随后就可以品尝啦！

用树皮做哨子

一种在旅途中非常实用的警报工具。

春天，取一段白蜡树或栗树的青树枝（直径约1厘米，长度约12厘米），从其中一端剥下2厘米树皮。拿住剥下树皮的部分，用刀柄轻轻敲打树枝，直至树芯与树皮分离，并将树芯全部取出。将取下来的树芯截下1厘米，将侧面削薄1~2毫米，做成一个有一面扁平的塞子。

在掏空的树皮筒上距离其中一端1厘米的位置，切一个一边垂直、一边倾斜45度角的槽。将之前做好的塞子从这一端塞进去，使它和切槽垂直的一边恰好齐平。

一个树皮哨子就这样做好啦！

出发去远足

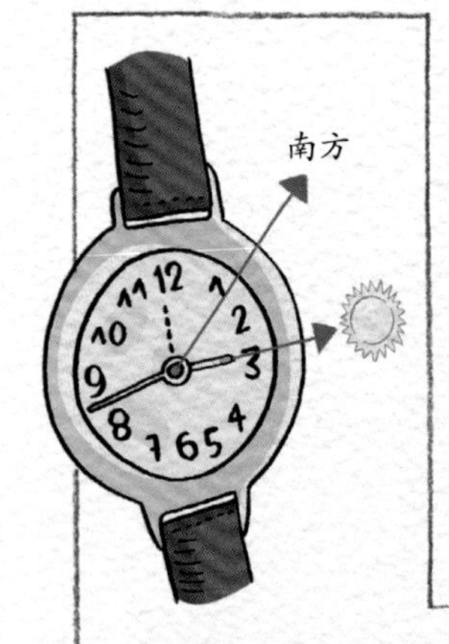

你的远足地图

地图，是一种用来呈现所在区域地表情况的“航拍照片”。在山中郊游使用的地图，比例尺通常为1/25 000，即地图上1厘米代表现实距离中的250米。地图的图例汇集了各种标志，用来体现公路、小道、溪流、房屋等。

不要迷失方向

在天上有太阳的情况下，带指针的手表可以帮你辨识南北方向。

只需让手表的时针对准太阳方向，然后将时针所指方向与表盘上12点所指方向之间的角度等分，平分线所指向的方向即南方（如果是在南半球，平分线所指方向就是北方）。当然，在没有太阳的情况下，指南针就变得必不可少了。

为地图标注方向

要想在地图上准确地找到标注的景物，首先要借助指南针为地图标注出方向。

把指南针平放在地图底部，然后调整地图的角度，直到指南针上指向北方的指针与地图的正上方方向一致。之后你就能准确无误地看到地图上所标注的景物了。

登山路径专用路标

为了不在山里迷路，很多国家的山区里都专门为登山爱好者设置了登山路径的路标。这些标志通常是红白相间的。

懂得适时停下来

你必须时刻保持谨慎。

在爬山的过程中，如果团队里有人已经感觉疲惫不堪，或者在行进中受到了雷雨的威胁，就应该毫不犹豫地放弃前进并原路返回。因为即使是下山也同样需要付出非凡的体力。

在下山的时候要保持警惕，随时注意下方山坡的倾斜度：如果坡度越来越平缓，则一切良好；如果坡度越来越陡，就不要再继续前进了，因为它的前面很可能会是绝壁。

请遵守以下规则

从一开始就保持规律的步伐慢慢行进，同时要注意脚下，谨防遇到窟窿或松动的岩石而一脚踩空。

要有规律地停下来补充水分，吃些干果或能量棒等增加能量的食物，一般以每50分钟停下来休息10分钟为宜。

要时不时地核对地图，以确保你的团队一直走在之前选定的线路上。

仰望星空

天上的尘埃

观察那些从天而降的珍宝。

在下雨的时候将一个大盆连续几天放在户外，然后小心地将盆中绝大部分的水倒掉，但千万别把盆底沉积下来的那些细小颗粒也倒出去。等盆中剩余的水分蒸发掉，再用磁铁把盆底的金属颗粒统统收集起来。这些可都是流星的碎屑！

在夜里怎样才能看得更清楚

昏暗的夜里，怎样才能观测一颗暗淡的星星呢？如果你直盯着它看，你会发现很难把它辨认出来。但如果你稍微侧一点头，把目光斜过来，却可以把它看得很清楚！这真是太出乎意料啦！

我们的视网膜(眼睛最内层用以感知光线刺激的薄膜)包含两种细胞：一种是位于视网膜中心位置的视锥细胞，用来辨别颜色；另一种是分布在视网膜周围的视杆细胞，它们对微弱的光线很敏感。所以，如果我们想要在夜里把东西看清楚，最好稍微斜着眼睛来看。

哪些星星在“眨眼”

闪烁的星星像是在眨眼，但总有几颗亮星例外——它们的亮度稳定，从不“眨眼”。

原来会“眨眼”的是恒星，这种现象是地球大气的不稳定造成的。恒星离地球很远，当遥远的星光来到地球时，已经十分微弱了，很容易受到地球大气的影响。而行星离地球都很近，它们反射的太阳光成束来到地球，可以抵御地球大气的抖动。

学会这招儿，你就能快速分辨哪颗是行星了。

月亮的谎言

当月亮呈现字母“C”形状的时候，看起来它好像要张嘴吃东西使自己长大，其实它在“说谎”，因为此时月相正在缩小；而当月亮呈现字母“D”形状的时候，看起来它好像已经吃饱了，不能再吃下去了，但这也不是真的，其实月相正在变大！

流星

露天过夜时，你会注意到，破晓之前往往是流星雨爆发最集中的时间段。为什么呢？

地球绕纵贯南北两极的自转轴转动一周（即自转），需要24小时，这就解释了昼夜更替的现象：同一时刻地球只能有一半被太阳照射到。被太阳照亮的半边就是白天，而太阳照不到的半边就是黑夜。

另一方面，地球也在以365天一圈的速度围绕太阳公转。在黑夜即将结束而太阳还未升起之时，我们正好面向地球公转的前进方向，能看到前方发生的一切。就好比地球是一辆行驶中的汽车，那么我们正好是目视前方。

所以，破晓之前是观测流星雨的最佳时刻。因为这时候我们看到的是那些迎面而来的流星体闯进大气层而形成的流星现象，就好像开车时看到小飞虫撞上了挡风玻璃。

揭开天空之谜

用一只手来丈量天空

在天文星图上，你可以读到星座中每颗星之间的距角——从地球上观察天空时，天体之间分离的角度。

当你真正站在夏日星空下的时候，其实只要伸直手臂就能测量星星之间的距角哦！把手掌张开到最大，手指尽可能分开，那么从眼睛到拇指指尖和小指指尖之间的距角就是20度。

把拇指以外的其余四指都并拢到一起，从眼睛到拇指指尖和小指指尖的距角为15度；四指并拢时，从眼睛到食指指尖和小指指尖的距角为10度。

把你用这个方法测量出的数值，和天文星图上标注的星座距角进行比对，就等于拥有了一把辨认星座的钥匙。

日食观测仪

在发生日食的过程中，太阳会慢慢被月亮遮住。多么不可思议的一幕！

为了在不伤害眼睛的情况下好好欣赏这一奇观，你可以用鞋盒制作一个简易的日食观测仪：只需要在鞋盒比较窄的一个侧面上钻一个小孔，就完成啦。

将钻好小孔的一面对着太阳，就可以轻松地在开孔正对的鞋盒内侧盒面来观测射进来的倒置的日食景象了。

黑夜的故事

6月21或22日，是北半球的夏至日，这一天的黑夜是一年中最短的；而对于南半球来说，这一天的黑夜却是一年中最长的。在南极，这一天24小时都笼罩在黑夜之中，没有白天！

在12月21或22日，北半球冬至日的时候，情况则恰恰相反。

但在春分(3月20或21日)和秋分(9月22或23日)这两天，在地球上的任何一个地方，白天和黑夜都正好是12小时。

星星的颜色

如果我们给一个小铁片加热，随着温度的升高，它会呈现不同的颜色：先是红色，然后变成橙黄色，接下来会变成黄色，再后来会变成白色，最后是蓝色。

星星也一样，也会因表面温度的不同而呈现出不同的颜色：红色的星星表面温度最低（约3 000℃），接下来是橙黄色（约4 500℃），黄色（约6 000℃），白色(约8 000℃)，蓝色(25 000~40 000℃)。

星星与纬度

想要知道一个地方的纬度，可以用一个量角器（即半圆仪）和一根系有铅坠的细绳来自制一个测量工具。

把量角器的底边对准极星(一般指北极星)。极星与地面的垂直夹角的角度就会直接在量角器上显示出来(通过系有铅坠的细绳来实现，如图)。

这个度数正好就是你所在地方的纬度。

岩石知道答案

“捕获”化石

在峭壁下散步的时候，你有机会找到化石。

它们是被封存在岩石中的动物或植物的遗骸。最常见的化石之一是菊石（繁盛于中生代的化石）。

化石中的海洋软体动物曾经生活在3亿年前深海的温热海水之中。

如果化石嵌在白垩岩之中，可以用凿子把它小心地取出来。

把化石清洁干净，然后妥善保存在一个防尘又防潮的盒子里。

这是石灰岩吗

在岩石样本的表面滴上几滴醋，然后用放大镜观察。如果你看到表面产生小气泡，说明这些岩石属于石灰岩：石灰与醋中的酸发生化学反应，会释放出二氧化碳。

制造“水晶”

岩石是由水晶等矿物构成的。想弄明白矿物是怎么形成的，可以试试下面的方法……

往一个玻璃器皿中倒入沸水，然后加入能被溶解的最大剂量的盐，并持续搅拌使盐完全溶解。取一段细线，一端系在一枚曲别针上，另一端系在一支铅笔上。把铅笔横搭在容器的瓶口上，使曲别针浸入盐水中，并悬在距离瓶底1~2厘米的高度。

将容器整体放在一个温度较高的地方。

几天后，容器中的一部分水蒸发掉了，而在曲别针和细线上则出现了立方体状的盐结晶颗粒。

怎样检测矿石的硬度

矿石的硬度，按照从软到硬的顺序排列为：滑石、石膏、方解石、萤石、磷灰石、正长石、石英、黄玉、刚玉和钻石。虽然有专门用来测量的硬度计，但地质工作者在野外工作时，出于减少负重等因素考虑，也会用指甲和小刀来进行简单、快速的检测。一般我们人类的指甲硬度在2左右，小刀在6左右。假如想区分方解石和石英的话，小刀刻得动的就是方解石，刻不动的就是石英。

白垩岩壁

在白垩纪，也就是距离现在约1.46亿年前，有大量浮游微生物的遗骸沉积在海底。每过一个世纪，这些遗骸的厚度就会增加1毫米。就是这年复一年的微小累积，形成了如今位于法国上诺曼底大区的埃特勒塔象鼻山。它的平均高度达到了100米！

地下迷宫

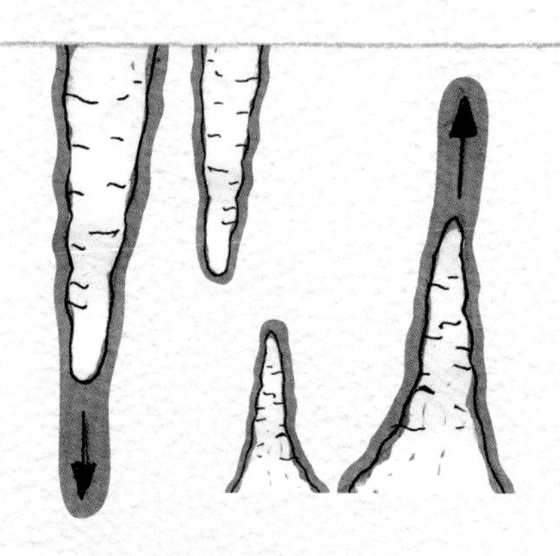

钟乳石还是石笋

钟乳石的名字里有“钟”字，这说明它是像吊钟一样悬挂着由洞顶向下生长而成的。

石笋则正相反，是像竹笋一样从地面向上生长而成。

只需两只玻璃瓶

只需要几天时间，你就能见证钟乳石和石笋的形成！

在两个短颈大口玻璃瓶中注满沸水，并尽可能多地倒入小苏打，直到不能溶解为止。在一根毛线的两端分别系上一枚曲别针，并分别放入两只玻璃瓶内，调整瓶子间的距离让毛线悬空挂在一个盘子上面。

小苏打溶液被毛线所吸收引导，一滴一滴地滴到盘子里。几天后，毛线上就会出现“钟乳石”，而在盘子里也会看到“石笋”的身影。在进行实验时，要小心谨慎，防止烫伤和玻璃瓶炸裂造成伤害。

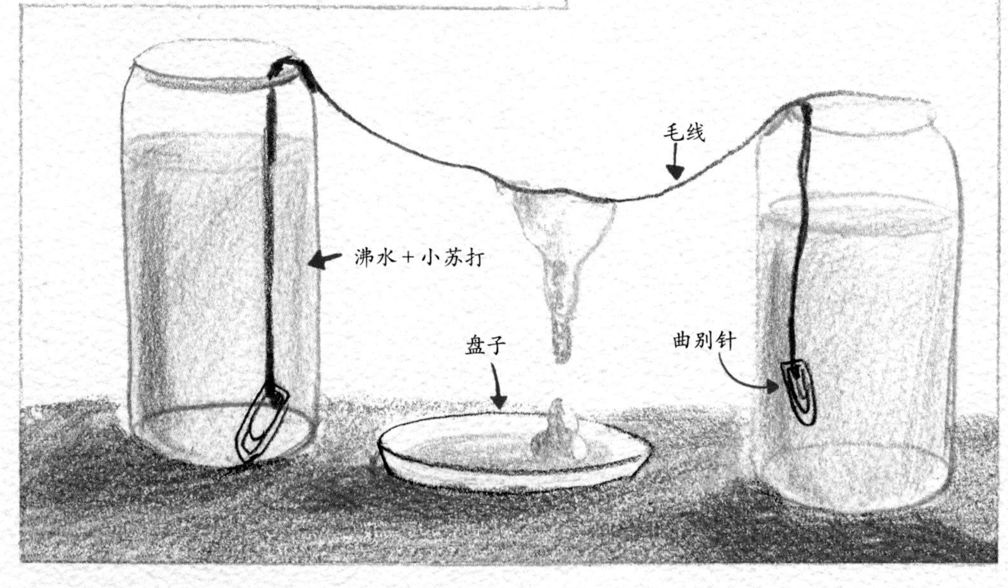

石灰和水之争

那么多的地下岩洞是怎么形成的呢？不妨做做下面的实验。

将一个蛋壳放到一小碗醋里，几小时过后，醋将蛋壳溶解了。而蛋壳的基本成分和石灰一样都是碳酸钙。

同样，通常雨水因溶有空气中的二氧化碳而略显酸性，以至于它能使土地中的石灰缓慢溶解并流失掉。受到日积月累的腐蚀，庞大的地下脉络就形成了。

地下溶洞的纪录

位于格鲁吉亚的库鲁伯亚拉洞穴，是迄今为止被人们发现的最深的天然洞穴之一：那些研究洞穴的学者曾经在这里下探到地下2 197米的深度！

岩洞深处的住户

岩洞深处处在永恒的黑暗和严重的潮湿之中。一些动物，如岩洞蟋蟀、蝙蝠等，成为这里的临时住户。

夜里，它们会外出觅食。而它们的排泄物成了洞内“常住居民”的食物。这些“常住居民”包括一种叫“洞螈”（盲螈）的欧洲穴居蝾螈，和一种叫“盲鱼”的眼睛衰退到仅剩一层不透明薄膜的粉色鱼类。

认识山中的树

不同海拔生长着不同的树种

在山中漫步时，你可以顺便观察下在山里生长的各种树木。

橡树和水青冈在平原上和山里都有生长，前者生存的最高海拔环境在1 000米左右，而后者则可以达到海拔1 300米。

海拔再升高一些，就到了山区，冷杉和云杉在这里尤为郁郁葱葱。更高一些，则是欧洲赤松的地盘。再高的地方，寒风肆虐，在这里仅存的树木的树枝都偏向一侧，看上去就像一面面迎风招展的旗子。

树的纪录

一队植物学家在瑞典一处海拔950米的地方发现了一小片云杉树。他们对其中的一棵进行碳14测定，发现它的年龄已经超过了7 890年！

云杉果酱

抹在面包上或加到原味酸奶里，真的很美味！

春天，摘取500克云杉的嫩芽，跟适量的水、柠檬汁和糖混合在一起。用文火煮一小时，并不时搅拌。完成后倒入一个罐子里，等冷却后就可以享用啦！

你需要准备：

* 500克云杉嫩芽
* 500克蔗糖(粉末状)
* 一杯水
* 柠檬汁
（一只柠檬的量）

冷杉还是云杉

来学习下如何区分这两种树吧。

- 冷杉的针叶几乎是平铺在枝丫上的，而云杉的针叶则是螺旋状排列的。
- 尝试去拔掉它们的针叶，如果仅仅拔下了针叶，那么这是冷杉；如果有一小块树皮连同针叶一起被拔下，那这应该是云杉。
- 冷杉针叶的背面有两条浅白色的长条纹，而云杉的针叶就只有绿色。
- 冷杉的针叶不扎手，而云杉的针叶会扎手。
- 树龄较小的冷杉，树皮是光滑的，而云杉的树皮是鳞片状的。
- 随着树龄的增长，冷杉的树顶会慢慢展开，而云杉会一直保持塔尖的形状。
- 冷杉的球果是向上生长的，而云杉的球果是向下生长的。

如何计算云杉的年龄

云杉是极少数不用被砍倒就能判断出树龄的树种之一。

因为云杉每一年都会在树干上长出一圈树枝，这一圈树枝都处于同一高度(我们把它叫作轮生树枝)。所以我们只要数一下环生树枝的层数，再加上3年(因为最初3年，它是不会生长树枝的)，就可以判断出树龄啦。例如，上图那棵小云杉树已经6岁啦(3圈轮生树枝+3年)。

奔跑的羊

羊蹄与防滑鞋钉

你一定注意到了：为了在冰面上行走或者攀爬山峰，没什么比穿一双带防滑鞋钉的鞋更管用的了。如果是为了在柔软的雪面上走路而不把脚陷进雪里，那么一双球拍状的雪鞋就变得必不可少。

岩羚和羱羊在这方面拥有同样的窍门。

羊的蹄子拥有坚硬的趾甲、减震的脚掌垫和突出的蹄尖，这些都可以起到很好的防滑效果，帮助羱羊在陡峭的山坡上奔跑自如。

岩羚能做得更好：它们蹄子坚硬的边缘周围有一层可伸展的薄膜，这让它们的蹄子在雪地中的接触面积变大，起到和雪鞋一样的效果。

国家公园的纪录

世界上最早的国家公园，是1872年美国建立的黄石国家公园，它的建立是为了保护当地的自然风光和自然生态。

现在，世界上所有国家公园的面积总和比欧盟国家的总面积还要大！幸亏有了这些国家公园，19世纪在法国已濒临灭绝的羱羊如今得以在阿尔卑斯山区繁衍生息，而在比利牛斯山区仍然幸存着许多当地特有的比利牛斯岩羚种群。

动物足迹小百科

羱羊

岩羚

计算羱羊的年龄

这种大型野生山羊的攻击性并不太强，但拥有一对让人过目不忘的犄角，可用于保护自己。它们通常在山林上方的岩石间群居生活。

雄性的羱羊，体重可以达到100千克，拥有一对巨大的犄角，且每年都会长大一点。

为了确定羱羊的年龄，可以用长焦镜头近距离拍摄下它的照片，然后把照片放大后进行分析：角上的条纹数和它的年龄一致。

岩羚的纪录

岩羚在15分钟内就能攀爬上1 000米的高山（而训练有素的人类则需要45分钟左右）。它们还能跃过7~12米宽的沟壑，能在雪地、冰面和峭壁上高速飞奔，同时还能保持平衡。

区分比利牛斯岩羚和岩羚

比利牛斯岩羚是岩羚的近亲，但没那么有名。

成年的比利牛斯岩羚大约30千克重，体型略小于普通岩羚(40~50千克重)。它的犄角更细，皮毛的颜色也更浅。

不过，最简单的分辨方法是通过你看到它们的地方区分：如果你在阿尔卑斯山，那你看到的很可能是岩羚；如果是在比利牛斯山，那你看到的很可能是比利牛斯岩羚。

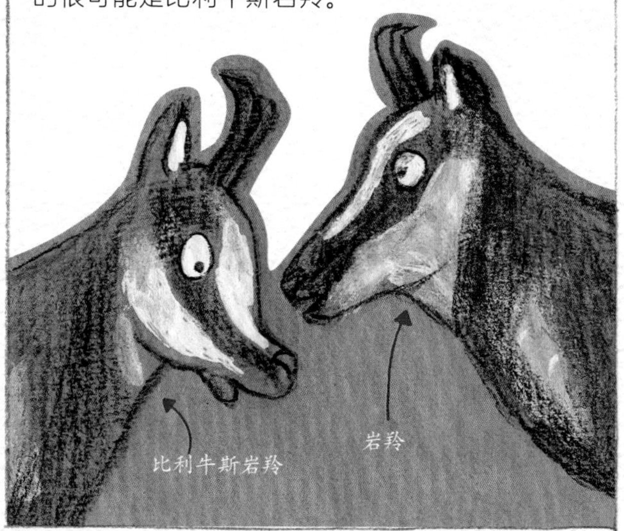

高山“原住民”

盘羊的纪录

在法国，盘羊的栖息地可达海拔2 000米以上；而在亚洲的尼泊尔、印度和中国西藏等地区的盘羊种群，甚至能生活在海拔3 500~5 500米。

旱獭的警戒哨

在夏天，如果你想观察旱獭，要小心谨慎才行。

尽量穿深色的衣服，慢慢靠近，而且一定要保持安静。否则，你可能就会听到一声简短的哨声：这是负责警戒的“哨兵”发现了你，向同伴发出预警呢。听到哨声的旱獭们会飞快地躲回它们的洞穴里。

你看不到我

潜望镜是一种巧妙的仪器，让你可以在隐蔽的状态下观察动物。

来制作一个简易的潜望镜吧！拿一个日光灯管的外包装盒，在两端各开一个小窗，利用软木塞固定两个平面镜，并调整好镜片的角度(如图)。然后你就可以躲在岩石的背后，利用你的潜望镜观察到岩石上方和远处的情况啦。

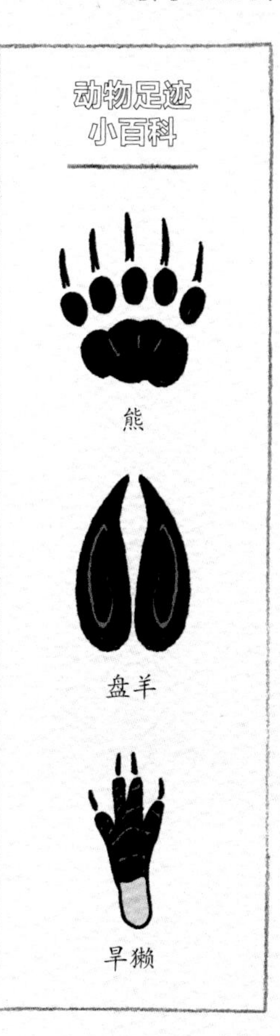

追寻熊的踪迹

在野外看到熊的机会实在是少得可怜，因为熊的数量有限，而且它们生性多疑。

那么，怎样去追寻它们的踪迹呢？你可能会在灌木丛的荆棘上发现一小撮熊毛，或是在某些富含树脂的植物的树皮上看到有规律的划痕，还可能会发现它们的爪印。也别忘了它们那满是浆果残渣、带有酸腐味道的大坨粪便！但为了安全着想，千万不要贸然靠近！

胖胖的旱獭

你应该会注意到，旱獭到了秋天就会变得圆滚滚，这是因为它们在为过冬而积蓄能量！当寒冷临近，它们会在窝中铺满干草，然后堵住洞穴的所有入口。

之后，它们就开始了冬眠的日子：它们的体温会降至5℃，呼吸时断时续，心跳也会变缓。

这样，它们就只需要消耗最少的能量，依靠入冬前积累的脂肪就可以维持生命。

等到春天再度来临，它们会再次从洞穴中钻出来，享受美好的春光。

峭壁上的猛禽

猛禽出没的迹象

你在悬崖上看到了摔碎的残骨？那么，胡兀鹫就在不远的地方！

这种长了一撮小胡子的兀鹫是动物残骸最后的享用者，它们喜欢吃骨头。

当残骸体积过于庞大，不方便享用时，胡兀鹫会把它们从高空中抛向岩石打碎。很精明，不是吗？

游隼的纪录

游隼是目光敏锐的神奇猎手，它们在捕猎的时候会把身体调整成流线型：把头收缩到肩部，把双翅折起和身体平行。这样，它们俯冲时就可以毫不费力地达到每小时250~300千米的速度。

在垂直俯冲的情况下，它的速度甚至可以达到每秒110米左右，相当于每小时396千米，完胜世界上所有动物行动速度的纪录。

狩猎

作为一种翼展可达两米的雄壮猛禽，金雕通常以旱獭、家兔和野兔为食。

它甚至能够抓起一只7~8千克重的小鹿！作为狡猾的捕猎者，金雕通常会和它的伴侣一同出击：雌性金雕向上飞，分散猎物的注意力；而雄性金雕则在同一时刻俯冲下去用利爪攻击猎物，并抓住猎物脊背将它带回空中。

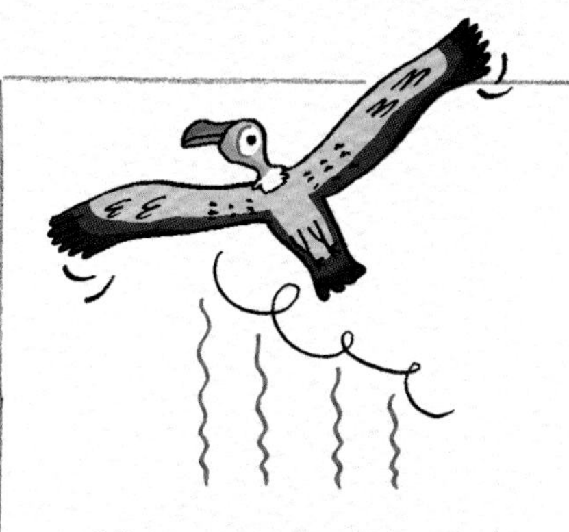

秃鹫的飞行诀窍

如果你观察过秃鹫，就会注意到这种食腐动物找到了一种最大限度节省力气的飞行方式——滑翔。它们会利用上升暖气流的力量帮助自己在空气中升高。凭借两米多长的翼展，它们可以在气流中翱翔数千米。

在高速飞行的状态下呼吸

这就是游隼在做的事情！

在山上或者接近峭壁的地方选个位置，来观察下这种猛禽的垂直俯冲！

在俯冲的最后关头，它们的速度之快甚至能让你听到空气被撕裂的声音。

这种猛禽是怎样做到在如此高的速度下承受空气大量涌入鼻腔却不会窒息呢？这是因为它们的鼻孔中央有一个小小的突起，能够形成一个涡旋区，从而阻止空气冲击肺部。

集体狩猎

秃鹫通常采用集体找寻猎物的战术，这让它们能在同一时间搜索数百平方千米的区域。

一旦其中的某只秃鹫发现了动物残骸，就开始盘旋下落，周围的其他秃鹫便能立刻读懂它传递的消息。

于是，通过这种由近及远的传递方式，所有秃鹫都会幸运地接到“通知”。

朝森林深处进发

在橡树下

拿橡子玩耍

用橡树的果实，你可以做出各种各样的玩具，想象出无穷无尽的奇遇！

把橡子的壳斗粘在一根小树枝上，就成了一个烟斗或一把汤勺。

而那些空的橡子壳斗还可以被拿来做成漂亮的餐盘。

把橡子的壳斗剥掉，并切成两半，然后在半个橡子的横切面正中间插上一根火柴，就做成了一个简易的陀螺。

那么，为什么不用它们做出人物和动物的玩偶呢？拿一个小一点的橡子做玩偶的脑袋，一个稍大些的做它的身体，用小树枝做成脖子和尾巴，用四根小木棍做成四肢，用种子来做眼睛，用小树叶来做耳朵……

生日快乐

观察一棵被锯断的橡树树桩，你会在上面看到一些深浅不一的圈。

在春天的时候，橡树的树皮下会新长出运输水分的粗大管道，这些管道使树的木质呈现浅色。而随着季节交替，新长出的管道也会随之变细变少，于是树的木质颜色就会变深。

每经过一年的生长，就会在树干中留下一浅一深的两个圈。所以，要想知道橡树的年龄，你可以数一数树桩横切面上浅色圈或深色圈的数量，随你喜好！

生存大战

橡树喜欢生长在向阳的地方，但生长速度相对缓慢。它那不算茂密的枝叶能让阳光透过去，使得树脚下的其他生命可以成长起来。

水青冈喜欢半明半暗的微光环境。它生长的速度很快，且枝叶繁茂。

小水青冈常在橡树的树荫庇护下生长。慢慢地，它的高度会超过橡树，最终使它原来的“保护神”窒息而死：简直太“忘恩负义”啦！

橡树的纪录

在北斯科文森林里生活着一棵橡树，它的年龄在1 400~1 900岁。它是北欧最古老的橡树之一。

种一棵橡树

在秋天时，去森林里转一小圈，并捡几颗橡子回来。

回到家后，按照一半沙一半土的比例在花盆中盛满混合好的沙土，把橡子埋在土下5厘米深的位置，并把花盆整个冬天都放在户外。

等到了春天，时不时地看看花盆里的土，如果太干了就浇点儿水。然后继续观察，等待小橡树的茎破土而出……

如果不止一棵小橡树长了出来，那么就保留那棵看起来最茁壮的小树苗，并把它移植到土地里。

大树的奥秘

你的小屋

在大树旁搭建属于你自己的秘密角落。

找一棵大树。这棵树要在距离地面1.2~1.5米的高度长有一根与地面平行的粗壮树枝，用它来当小屋的屋顶。

在这根树枝两侧斜搭上几根1.8米左右的长树枝，这样你就拥有了一座帐篷形状的简易小屋。

记得在上面盖上一层宽大的树叶，这样能更好地遮蔽阳光。

"长牙的鹅耳枥，长毛的水青冈"

这句话能让你更好地了解鹅耳枥和水青冈这两种外形相似的植物叶片的区别。

鹅耳枥的叶子边缘呈锯齿状，好像长了牙齿，而水青冈的叶子上长有一层细毛。

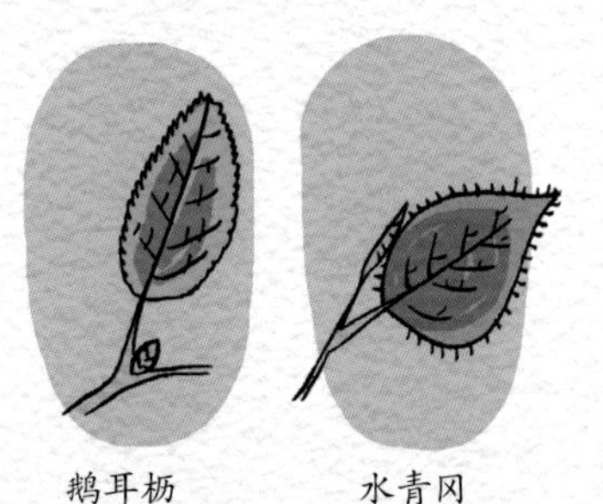

谁才是最强王者

漫步在森林里的时候，注意观察下树干，有时候，种种迹象会向你揭示这里曾经发生过惊人的"战争"。

当水青冈的树枝抵住了橡树的树干，并开始阻碍树干的生长时，橡树就会长出一种树瘤。树瘤慢慢长大，并逐渐把抵在树干上的水青冈树枝也吸收到其中。

最终，树瘤会连同水青冈的树枝一同脱落，只在橡树树干上留下一个疤痕。有时候，就连挂在树上的标识牌也同样会被吸收：这些标识牌无法摆脱被橡树"吃掉"的命运，而橡树则会继续茁壮生长。

收集树叶制作标本

这是让你在下次见到它们时还能准确识别的最佳方式！在森林里采集各种树叶，并在向导的帮助下标注清楚它们的名字。

把这些收集好的叶片擦干净，然后夹在报纸里，再在上面压上重物(至少10千克)。把它们放置在干燥的地方风干至少一个星期。

把风干好的叶片粘在纸上，并记录下采集的时间、地点以及树种的名字，然后放进文件夹里。

（示意图）

伐木工人的十字标尺

不用爬到树顶就能知道它的高度，这一定会让你的小伙伴们感到惊讶的！

取两根20厘米长的笔直木棍拿在手中：一根水平放置(cd)，另一根则垂直放置(ab)。然后前后走动，同时上下滑动手中水平的木棍，直到达到下面的效果：

- 树根的位置(B)、垂直木棍的最下沿(b)和眼睛呈一条直线。
- 树顶的位置(A)、垂直木棍的最上沿(a)和眼睛也呈一条直线。

这个时候，树的高度(AB)就和树与你之间的直线距离(BC)相等啦！

把种子带回家

用槲寄生做成的花环

你只需要：

* 槲寄生
* 硬纸板
* 一支铅笔
* 一把尺子
* 一把剪子
* 细绳
* 细铁丝
* 一枚图钉

按照西方的传统，在新年前夜，人们都会在槲寄生下拥抱互致祝福。

1.在一块纸板的中心位置钉一枚图钉，在图钉上系一根系有铅笔的细绳：绳子的长度足够让你画出直径分别为20厘米和25厘米的两个圆圈就好。

2.沿着画好的两个圆圈的轮廓剪裁，就好像一张空心的圆盘一样。然后用长铁丝按如图的方式紧紧地缠绕在圆盘上。

3.在铁丝上紧紧插满槲寄生的枝丫，花环就做好了！新年快乐！

快躲开

冬天的时候，一定要当心槲鸫的粪便！这种鸟会把槲寄生的果实作为美餐。这种果实外边裹着一层黏稠的胶质，特别难消化，所以它往往会随着槲鸫的粪便一起被排泄掉。

对于正好经过的人来说，这简直是个糟糕透顶的消息！不过对于槲寄生来说，却是个好消息，因为鸟粪里含有它的种子，一旦粘到树枝上，很快就可以发芽生长了！

绿色的鞋底

在一场雷雨过后，穿上你的防滑钉鞋到森林里溜达一圈。

回来之后，把鞋钉上的泥收集起来并放到一个塑料盒子里。然后把它放到一个温度足够高、采光足够好的地方，时不时地给它浇些水。几天后，埋藏在泥里的种子就发芽了！

啪

有些植物的果实会爆裂开来，把它们的种子弹到很远的地方。例如，如果你去轻触一种叫“别碰我，烦着呢”（中文名水金凤）的植物的成熟果荚，它会突然爆开，并可把种子弹射到两米开外的地方。

同理，森林里的动物们也会把粘在它们爪子、蹄子上的泥带到各处，从而帮很多种子做了传播。

种子的芭蕾

选择在春天的某日，坐在森林边，花些时间去观察那些飘浮、落下或翱翔在空中的种子。

其中一些种子非常轻，外观也毛茸茸的，例如蒲公英或者蓟的种子，它们会飘浮在空中。另外一些，例如榆树或槭树的种子，则会在空中优美地翱翔。这让它们能在大自然中更好地传播，也为我们带来一场精彩的空中芭蕾表演！

不要轻易碰蘑菇！

热，热，热

你一定注意到了，有些树的树干上长出了奇怪的坚硬“舌头”。其实这是一种寄生蘑菇，我们叫它火绒菌。

你知道吗？火绒菌曾经被史前人类用来生火。

燧石碰撞会产生火星儿，火星儿溅落在火绒(即火绒菌的菌肉)上很容易就会燃烧起来。

请仔细观察

怎样辨认不同种类的蘑菇？可以观察它们孢子印的颜色。

用小刀仔细地把长有菌褶的蘑菇伞盖切下，将它平整的一面平放在一张白纸上几个小时，然后将菌盖拿起来。

可以观察到：蘑菇的孢子以菌褶的形状留在了纸上。

鹅膏菌的孢子印是白色的，粉褶蕈的孢子印是玫瑰色的，伞菌的孢子印是棕褐色的，鬼伞的孢子印则是黑色的……

奇特的香味

在采蘑菇之前先闻闻看。如果闻到一股茴香的味道，那么这可能是杯伞蘑菇。如果闻到大蒜的味道，这可能是小皮伞，而苦红菇闻起来像糖渍苹果的味道。粉褶蕈闻着有一股漂白水的味道。至于白鬼笔所散发的腐烂尸体的味道足以吸引苍蝇围着它们打转，并带走它们的孢子，得以让这种蘑菇和它那不讨人喜欢的腐臭味道传播开来。

女巫环

你见过蘑菇恰好围绕成一个圆圈形状生长吗？

人们把它称作“女巫环”或者“仙女环”，当蘑菇的孢子（种子）被风带到某处，它的菌丝体便在这片土地中生根蔓延。这些菌丝体会向各个方向生长，获取土壤中的营养。于是，新的蘑菇就会从这些菌丝体的边缘破土而出，从而形成一个蘑菇圈。

第二年，菌丝体还会继续生长，而“女巫环”也会继续变大。

菌丝体的纪录

面积：9平方千米　**重量**：600吨

年龄：1 500年

这三项纪录都由一个被美国科研人员所发现的菌丝体所保持。

美丽的“投毒者”

别碰

虽然致命的植物并不多，但能够辨认出那些最常见的致命植物还是很有必要的：一定要和它们保持距离，千万别碰它们。当然，更不能吃它们！

铃兰

注意：当杯中的水不小心被铃兰的枝叶浸泡，千万不要饮用！它会引起严重的消化系统紊乱。

植株高度：10~20厘米

叶子：通常位于根茎两侧对称生长，叶片呈椭圆披针形，近似长矛的矛头形状

花：白色小花，花冠呈铃铛形

果实：红色浆果

分布：常见于林下灌木丛或花园中

颠茄

植株高度：约1.5米

叶子：叶片大，呈椭圆形，顶端渐尖

花：淡咖啡色，花冠呈钟形

果实：黑色浆果

分布：常在矮林、瓦砾堆及含石灰质的土壤中生长

乌头

植株高度：约1.5米

叶子：叶片大，呈分开的手掌状

花：紫色花朵，花冠呈高盔形

分布：常见于山地、乱石丛生处、潮湿的地方或林下灌木丛

秋水仙

植株高度: 20~25厘米

春天时: 只长有宽大的披针形叶片(类似长矛的矛头形状), 根茎处结有前一年的果实, 呈椭圆形

秋天时: 只开花不长叶, 花朵为粉红或紫红色, 开放时呈漏斗形, 花托直接与地下茎相连

分布: 常见于潮湿的草原地区

毒堇(毒芹)

注意: 不要把毒堇和香芹搞混了。首先, 它们的植株高度就不一样(香芹一般不会超过80厘米高); 其次, 毒堇非常难闻, 而香芹则很好闻; 另外, 毒堇的茎上长有红斑, 而香芹的茎上则没有。

植株高度: 1.5米

叶子: 叶片边缘长有细小锯齿

花: 成簇的白色小花, 在茎的顶端呈伞状开放

气味: 令人作呕

果实: 椭圆形干果

分布: 常见于树林下、花园中或路边

类叶升麻

注意: 类叶升麻有时会生长在野生覆盆子中间, 而它们成熟的时期也相同。所以, 在采摘果实的时候一定要小心!

植株高度: 50~80厘米

叶子: 叶片呈三角形, 边缘为锯齿状

花: 成簇的白色小花, 呈伞状开放

果实: 黑色小浆果

分布: 常见于潮湿的森林和林下灌木丛中

你会露营吗？

内行的做法

想要睡在户外的地上，得提前收拾一下你的“床铺”：捡走那些可能硌到你后背的小石子和小树枝。

另外，如果你习惯侧着睡，可以先在草地上试试位置，提前判断好躺下之后胯部所处的位置，把那里的地面稍微挖低一些，这样睡觉时会更舒服！

你的露营地

夜幕即将降临，而你还没有过夜的帐篷？不妨搭建这样一个轻便的临时宿营地哦！

将一根带有分叉的树枝笔直地插入地面，插牢。再找一根长竿，迎着风的方向斜搭在树枝的分叉上面，让横竿的一头恰好搭在分叉处，另一头抵住地面。

之后，找两根同样长度的结实树枝，从两侧斜架在分叉上，并用绳子把它们系在一起，这样，临时宿营地的入口就搭好了。

接下来，在长竿的两侧再搭上许多树枝，当作小屋的支架。但要注意，你所找的树枝不要高出横竿太多。然后用枝叶茂盛的树枝把你的小屋完全覆盖住。

最后，再在屋顶上铺一层树叶和干草，你的临时宿营地就完工啦！晚安！

在哪儿搭帐篷

不要在森林里露营，因为森林里的树木密集，榆树和桦树等一些树的树枝很容易断落，可能会砸坏帐篷，而橡树脚下往往都比较潮湿，容易招来各种昆虫的骚扰。

露营的理想地点是树林的边缘，在这里你可以找到充足的枯枝当柴火。当然，你还应该选择一块干燥而平整的地面来搭建你的帐篷，尽可能远离河水和溪流，以防范洪水的侵袭。

如果你能把帐篷搭在一棵树木旁边就更好了！它能为你的帐篷抵挡风寒。

夜间保暖

尽可能远离地面，可以在防潮垫下面铺上报纸或者被褥。睡觉时不要穿潮湿的衣服，以防着凉。

另外，可以尝试戴上睡帽。这是因为，睡觉时我们身体中四分之一的热量都是从头部流失掉的！

所以，睡觉的时候请戴上你的睡帽或滑雪帽！

自制“睡袋”

你的被子下面漏风？

可以先把被子展开，铺平，然后沿纵向把它折成三等份。接着，把其中一头折起20多厘米并压平，做成“睡袋”的底。

拿两枚安全别针把整体固定住，再拿两枚别针把折起的一边密封好。

呼！一个温暖的“睡袋”就做好啦！

搭建自己的营地

在雨中

即使在雨中，你也依然可以点燃柴火！

首先要搭建一个顶棚：找四根70厘米长的分叉树枝，按矩形的形状插在地上。在矩形两条平行的边上横搭两根树枝，把其他树枝并排搭在这两根平行的树枝上。

接下来去找些干柴来：例如夹在灌木里面的小树枝，被遮在倾斜树干下边的枯枝，或者一些受潮的枯树枝，只需用刀把外边湿了的部分削掉就可以了。

在地上铺一些平整的石块来隔开潮湿的地面。先在石块上点燃弄皱的纸团，然后把小树枝和木柴都堆在上面搭成一个圆锥形。

现在你就可以享受温暖干燥的环境了！

在角落里搭建厕所

在森林里搭建一个简易的临时厕所，对于在野外的集体生活来说是必不可少的！

在远离营地的地方，挖一个长80厘米、宽30厘米、深50厘米的坑。在离坑口30厘米的地方，笔直地楔入两根60厘米长的小木桩，两根木桩之间相隔80厘米。然后，在坑口的两侧分别倾斜楔入两根120厘米长的木桩，每两根搭在一起，并用绳子系好。再拿两根100厘米长的半圆木桩，用绳子拴在之前搭起来的架子上，当作“坐便器”的椅凳和椅背（如图示）。

当你在“天然厕所”中方便完之后，记得用土把便便埋上，以免难闻的气味飘散出来。

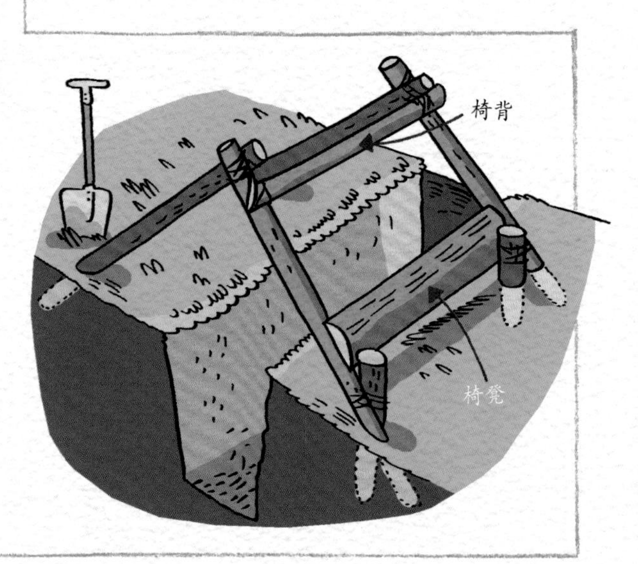

远足者的自制火炉

无论是对于控制烧菜的火候，还是从方便添加木柴的角度来看，这都是一个理想的装置。

将两个分叉的小木桩分别楔入地面(其中一个分叉朝上，另一个分叉朝下)做成支架，并使两个支架之间相隔50厘米。

拿一根结实的长木棍，在其中一端开3个槽，第一个槽离木棍边缘10厘米左右。把木棍卡在两根分叉的小木桩中间，把锅挂在开槽上，并置于火炉的上方。

想把锅从火炉上拿下来怎么办？先把长木棍连同锅一起从支架上取下来，就近放到地面上，然后把长木棍横放下来，就能把锅从长木棍的开槽中取出来了。

处理油污剩水

来学习下如何在不污染环境的情况下清理洗菜刷碗的油污剩水吧。

挖一个约1米深、50厘米宽、50厘米长的地洞。在洞底下依次铺上煤灰、沙土、小石块和更大一些的石块，然后在上面盖上小树枝和树叶。

它会起到一个过滤器的作用：当你把油污剩水倒进洞里，水里那些固体的东西就会被拦下来，然后慢慢分解掉。当然，不要忘记使用可生物降解的环保洗洁精哦！

真正的户外高手

提炼饮用水

水壶里没水了？有一个解决方法：自己提炼可饮用的河水。

在一个足够大、足够深的地洞里灌入需要净化的河水，在洞底的中间放一个干净的桶。

在洞口盖上一大张透明的塑料薄膜，并用大石块压住薄膜的四周。在薄膜中央压一块石头，让它正好置于桶的上方。

在太阳的照射下，洞里的水慢慢蒸发上升，在遇到塑料薄膜后重新凝结成水珠，然后沿着薄膜从中间直接滴入桶中。

这样，你就可以喝到洁净的水啦！

用报纸做引火物

在我们露营的时候，这一招儿很实用哦！

在家里，把旧的蜡烛或者地板蜡放到锅里加热熔化。再把报纸紧紧卷成卷儿，并系起来做成纸卷。把纸卷放在熔化的蜡里浸透后冷却，就做成了很好的引火物。

等到露营的时候，就可以用它们来引火了。它们可以在火炉中正常燃烧一段时间，这样，即使是潮湿的树枝也能被点着。

迷你太阳灶

用来在烈日炎炎的夏天做饭!

找一个比你的锅(必须是黑色的)大20厘米的木头箱子。从上面把箱子锯开，让截面与地面呈45度角。为了更好地隔热，在箱子四边垫上一层泡沫塑料板，在箱底垫上一层黑色硬纸板，再在箱子的内壁贴上一层锡箔纸，这样，一个太阳灶就做好了。

然后，将你的锅放进灶里，盖上一块玻璃板，再一起放到太阳底下。大约10分钟能煮熟一个鸡蛋，两小时能做熟一只鸡。

在雨中使用火柴

被雨淋湿的火柴是没法用的!

在出发去远足前，可以先将火柴在液态石蜡中浸透，然后风干。之后把它们保存在一个密闭的容器里，例如一个小的空药瓶就是个不错的选择。

自制一根“吹火筒”

有了这个自制吹火筒，你就可以很方便地在烧火时向火炭吹风使它烧得更旺，同时还不会烧伤自己。

砍一根80厘米长的接骨木枝条，用铁钎子从中间穿进去，把柔软的髓质从树枝里捅出来。很简单吧!

祝你好胃口！

生的还是熟的

让鸡蛋像陀螺一样旋转。如果它转得很快，那么这是一枚熟鸡蛋；如果它很快就停下来了，那么这是一枚生鸡蛋。

隔水加热牛奶

向锅里加入半锅水，把一盒没开封的牛奶放入水中，然后一起加热。

这个小窍门可以让你在大家起床前把牛奶热好，并起到保温作用。剩下的热水还可以用来刷碗。很实用吧！

自制蛋杯

取一片厚厚的面包，从中间取出一些面包芯，掏成一个小洞：一个乡间简易蛋杯就准备好啦！

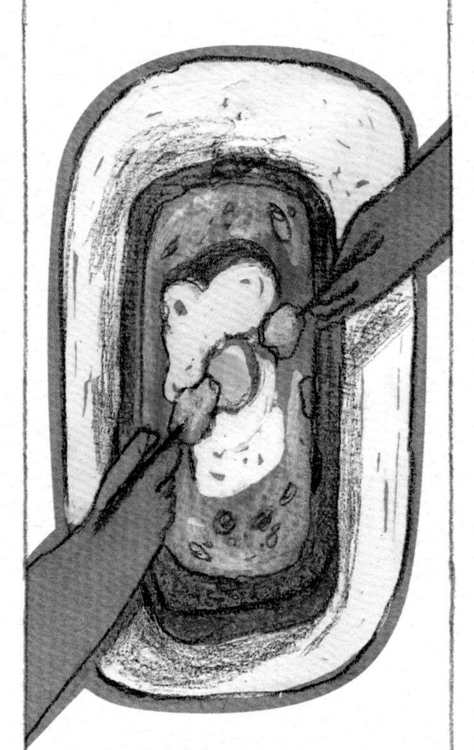

把煮好的溏心蛋放在“蛋杯”里，然后就可以用洗干净的小树枝扎上刚刚取出来的面包芯蘸着溏心蛋吃啦！

糖心苹果

拿一个苹果，从上面挖掉中间的果肉和果核。在挖空的窟窿里面放上一块糖，然后用锡箔纸把苹果包好，再放在火炭上烤熟就可以了。

户外烤面包

将250克面粉、一小撮盐和半包发酵粉一起放到一个容器里，一边搅拌一边慢慢加水，直到揉出均匀而不粘手的面团为止。如果感觉面团有些发黏，可以适当再加点儿面粉。

将揉好的面团放在外面醒30分钟，然后把它切成不太厚的条状(宽度1~2厘米)。将这些“面条”放到烧烤架上烤制，并记得时不时翻一下面儿，以免烤煳了。

吉卜赛烤鸡

按照下面的做法，你就能尝到美味！

取一整只鸡，掏空内脏，去掉头和爪子，但不用拔掉鸡毛。在整只鸡的外边糊上厚厚一层黏土，直到把羽毛的根部也糊住。将包好的整鸡埋在火炭堆中烤两个小时，在烤制的过程中，要时不时地添加火炭，以确保温度足够高。最好在旁边再放一个火炉，用来把木柴烧成火炭。

烤好后，把整只鸡取出来，把上面的泥土敲开：鸡毛会连同泥土一起脱落，这样就可以直接享用啦！

土豆煎蛋

将一个土豆的上边切掉一部分，并把里面掏出一部分。将生鸡蛋敲开，倒进土豆里，然后用切下来的土豆盖好，再拿锡箔纸把它们整体包好。把包好的土豆埋进火炭里，大概40分钟后就做好了。

烤香蕉

把香蕉连皮一起直接烤大约15分钟，然后就在火炭上使用小树枝剥开香蕉皮，再加上点儿糖，用小勺舀着吃。

拜访林中的野兽

马鹿还是狍子

这首先是个身高和体重的问题……

马鹿的肩高约1.5米，体形和马相似，体重可达250千克。而狍子(编辑注：此处特指西方狍，体形与中国东北的狍子略有差异)的外形要小一些，它的肩高只有1米左右，体形和山羊差不多，体重也只有26千克左右。

马鹿是群居动物，而狍子则是独居或者以家族为单位生活。西方狍以花朵为食，而马鹿则以草为食。

动物足迹小百科

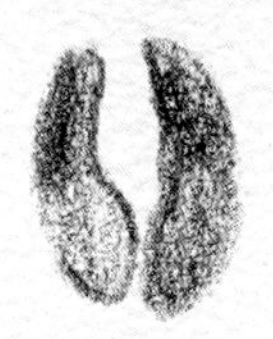

狍子

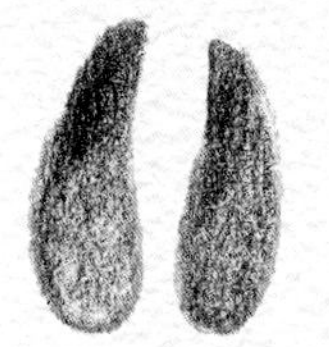

马鹿

野猪

野猪的生活

野猪主要以橡果和板栗为食，但有时也会用鼻子拱开地面的土壤去挖掘树根、蘑菇和蠕虫来吃。它们会通过在泥浆中打滚或者蹭树皮来清除身上的寄生虫。这不但对它们自身有益处，还能帮助粘附在它们皮毛中的蘑菇孢子和其他植物的种子进行扩散，因为它们的活动范围常常会达到数十千米。

动物粪便小百科

狍子

马鹿

野猪

狍子，你在这里吗

研究表明，下面六种迹象可以帮你判断出这片森林中是否生活着狍子。

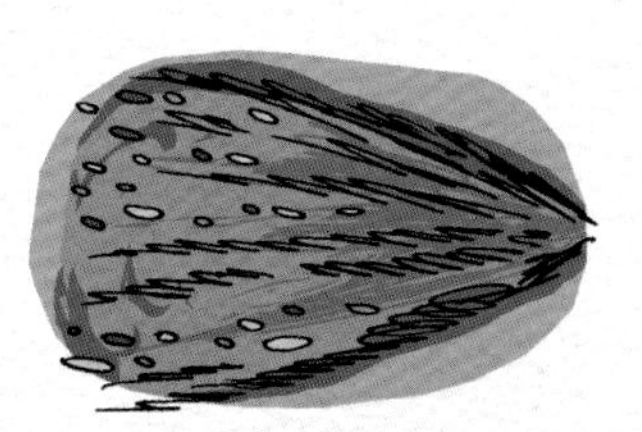

地面刮痕：裸露的土地上出现呈三角形的淡淡的刮痕，这是狍子用蹄子在标注它们的领地。

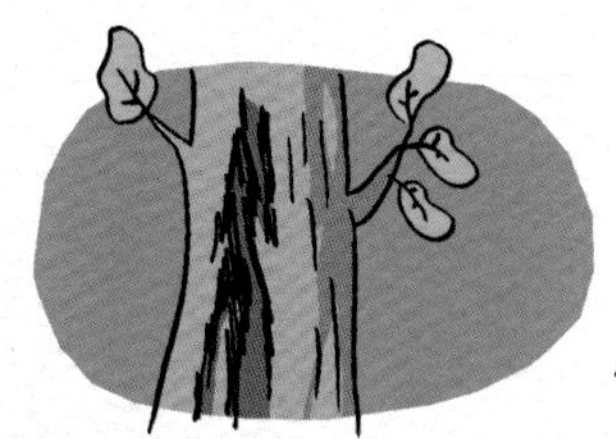

树干擦痕：在不到一米高的树干上出现擦痕，这是狍子在树干上摩擦它们的角而形成的。

被啃食的木莓：狍子在啃食木莓的树叶时并不会把与树枝相连的叶柄一起吃掉。

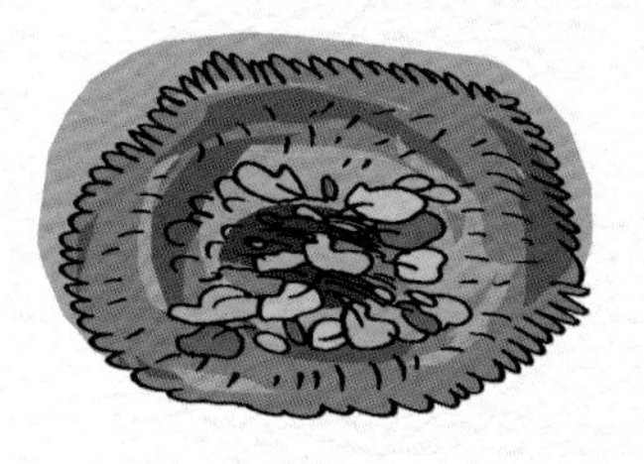

女巫环：被踩平的草地形成环状，这是一对处于发情期的狍子留下的痕迹。

自制窝铺：椭圆形的地面铺满落叶，这是狍子为自己搭的窝铺。

狍子的叫声：有点儿像狗叫，但声音更尖锐，这叫声可能是狍子发出的。

看，都蹭黑了

一头雌性马鹿跑掉了……或许也可能是一头雌性狍子？为了确认它们的身份，看看它们的屁股就清楚啦。

雌性马鹿和雄性马鹿一样都长有尾巴，所以从后面看上去就像浅色的“短裤”被蹭上了一块明显的黑斑。

而狍子无论雌雄都没有尾巴，所以从后面看是全白色的。这块白斑被称为“明镜斑”。

是谁在洞里？

出击

当田野里变得光秃秃的时候，田鼠和其他啮齿类动物就会暴露在光天化日之下了。这正是狐狸进行捕猎的大好时机。它们一动不动地蹲守在那里，灵敏的视觉和听觉能让它们轻松地锁定猎物。

一旦它们发现了一只看起来足够美餐一顿的田鼠，便会突然跃起到空中，四爪合拢地砸向猎物，死死地把它按住：搞定啦！可怜的小家伙已经无法脱逃。这可是狐狸所特有的捕猎技术，我们把它叫作“跳跃攻击”。

动物足迹小百科

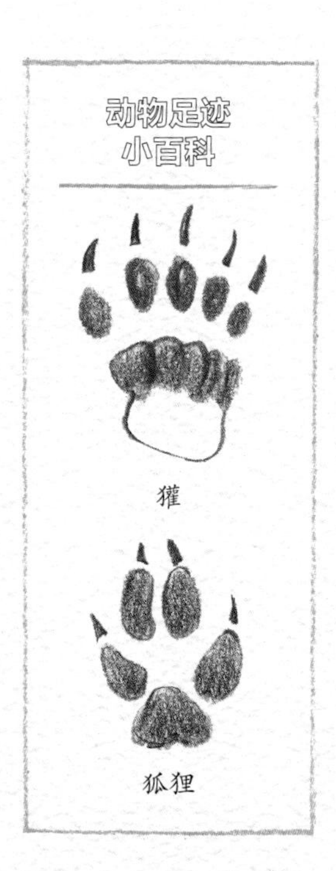

獾

狐狸

草原上的私家侦探

你发现了一个美丽的爪印，却不知道究竟是狗还是狐狸留下的……

可以沿爪印外侧两只脚趾的尖端画一条线：如果是狗的爪印，那么这条线会穿过中间的两只脚趾；而如果是狐狸的就不会。

动物粪便小百科

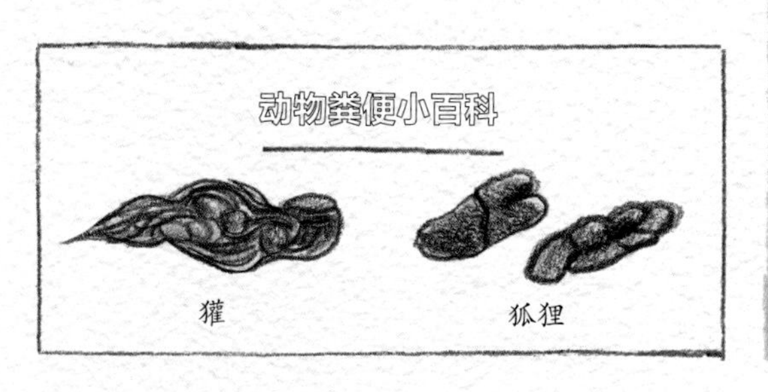

獾　　狐狸

狐狸的家

如果你在一个洞穴的入口处发现了动物粪便和吃剩的食物，同时还闻到一股难闻的气味，那应该是到了狐狸的地盘啦。

蹲守

在洞穴的下风口选择你的蹲守地点，这样狐狸或者獾就不会觉察到你的气味。

在两棵树之间挂上一张用来遮掩身影的网，然后坐在后面，耐心等待暮色的降临吧。

当然，不要忘记准备好你的照相机和望远镜。如果你喜欢画画，可以带上铅笔和小本子！

谁是洞穴的主人

洞穴的周围有通往各个方向的小路？在洞口前边有一大堆的土或石块？有一条类似滑梯的沟沿着入口深至洞中？在洞外的小路上有好多小草垛？如果所有答案都是“是”，那你发现的就是獾的洞穴！

卫生模范

守在獾的洞外，你会惊奇地看到洞穴的主人正在把一个小草垛卡在下巴、胸部和前爪之间，笨拙地运回来。

你以为它这是在准备大餐吗？大错特错！其实，它正在准备来一次“春季大扫除”！它会用新运回来的干草来替换之前洞穴里铺的枯枝落叶，以便让小窝总是清洁宜居。

松鼠和它的小伙伴们

松貂还是石貂

可以通过两个方法把它们区分开。

首先是生活环境：松貂一般生活在森林里，而石貂几乎不会远离村庄。

其次，可以观察它们胸前的“围裙”：石貂胸前的皮毛往往是白色的，而松貂胸前的皮毛则好像一面带有棕色斑点的黄色信号旗。

石貂

伶鼬的纪录

在欧洲北部生活着一种体型非常袖珍的伶鼬，它是世界上最小的食肉类哺乳动物之一，体重只有30~60克，并且可以钻进直径15毫米的洞穴！

贪吃鬼

如果你在松树下看到被剥开的松果，不妨仔细观察一下。

松鼠会先从底部扒开松果的鳞片、咬碎种皮来取食。接着，它会一通乱咬，把松果啃得参差斑驳：有些地方已经啃秃了，但有些地方的鳞片还完好无损。

而姬鼠会从底部啃食松果的鳞片并留下啃过的圆形痕迹，然后它会接着仔细享用剩下的部分，并吃得一干二净。

动物足迹小百科

松鼠

松貂

石貂

白鼬

伶鼬

皮裘时装表演

你注意到白鼬会随着季节更换“袍子”吗？

在冬天它是白色的，只有尾巴尖儿是黑色的。而一旦春天来临，它的白色皮毛很快就会消失不见，取而代之的是一身浅黄色的皮毛，直到下一个冬天的来临。

被遗忘的宝藏

松鼠是一种对于储藏食物有强迫症的动物。当它们刚刚察觉到一丁点儿秋天迹象的时候，便开始囤积粮食了。

它们会随机地将找到的食物藏起来。例如，会在一棵树底下埋一颗胡桃，然后在远一些的地方再埋一颗榛子……

但很可惜的是，一旦冬天真的来临，我们的“小糊涂虫”却完全想不起来自己到底把食物藏在哪里了！

树干争夺战

“咕哩咕哩咕哩”

你听到了吗？这是黑啄木鸟在飞行过程中所发出的独有叫声！

为了吸引异性，它一般会采用两种方法：或者是发出一种“库咿……库咿……”的叫声，尾音不衰；或者是用嘴以一种意想不到的节奏敲打空心树干，发出一种像机关枪一般的“嗒嗒嗒嗒……”的响声，声音可以被传到两千米以外的地方。

舒适的窝

在橡树林和鹅耳枥林里生活的鸟类数量（大约每平方千米有200对鸟在这里筑巢）远比云杉林里的（每平方千米仅有20对鸟在这里筑巢）要多。这是因为前者受到的光照更多，所以也会生长更多的植物，为鸟类提供更多的筑巢场所。

下一个

在树下看到一大堆被剥开的松果？这应该是大斑啄木鸟的杰作！

抬头观察树干，看看在上面是否能找到一道裂缝：大斑啄木鸟通常会把松果卡在那条裂缝里，再用嘴剥掉外边的鳞片，啄食里面的果实。接着，它们会把剩下的果壳拽出来丢到地上，然后很快地如法炮制下一颗松果！

自制鸟哨

你可以用它来模仿喜鹊和金翅雀的叫声！

找一根长7厘米、直径1厘米的树枝，从中间剖开。

在中段位置各开一个2毫米深的切口。

将一片茅草叶紧紧夹在被剖开的树枝中间，然后用细绳把两端扎紧，一个哨子就做好了。

断断续续地吹哨子中间的切口，使里面的叶片产生振动而发声。通过改变吹哨子的力量，对里面的叶片产生不同的压力，从而模仿出喜鹊或金翅雀的不同叫声。

会爬树的鸟儿

如果你有机会近距离观察大斑啄木鸟，请注意看它的脚。

它的脚上有四个脚趾，其中两个向前，两个向后，每个趾端都有锐利的爪，使它可以稳稳地抓住树皮站立。尾羽的羽干如同一支坚硬的钢笔，能帮助它支撑。所以它能在树干上待好几个小时都不会累。

候鸟的环标

你知道吗？在过去的很长一段时间里，每年在燕子迁徙之前，农民都会在它们的脚上系一段毛线，以便于第二年它们飞回来的时候能辨认出这是否是同一群鸟。

现在，这些候鸟通常会被研究人员戴上一个很轻的铝环，在环的外侧标有鸟的编号。这能让人们更好地了解它们的迁徙路线、寿命长短以及它们所面临的威胁。

夜间的猛禽派对

今日菜单

树脚下那些奇怪的小球是什么？

在享用完猎物之后，猛禽会把那些没办法消化的部分吐出来，例如骨头、皮毛、羽毛等。这就是你看到的那些奇怪的东西，它被叫作唾余（也叫食团）。猜猜猛禽们吃了什么？

里面有一个长满小尖牙的狭长头骨？那可能是鼹鼠或鼩鼱的。长有发达门牙的头骨？那可能来自某种啮齿动物或野兔。而老鼠、姬鼠和田鼠的头骨都长着带牙根的臼齿。如果看到有大个尖牙的头骨，那么它属于一种小型食肉动物（如白鼬、伶鼬等）。

猫头鹰还是猴面鹰

猫头鹰脑袋的两侧长有耳羽簇，也就是通常被我们认为是“耳朵”的部分；而猴面鹰（草鸮）则没有。

无法避开的攻击

当猫头鹰在夜间狩猎的时候，它不会发出任何声响：它身上的绒毛形成的特殊形状，使它在扇动翅膀的时候不会有呼呼的声音。

在不发出一点儿声音的同时，它却能洞察一切声音。猫头鹰有出色的听力，再加上一双在暗夜里尤其敏锐的大眼睛，所以，即使是在黑暗中，它也可以精确定位猎物的位置。

救助受伤的猛禽

用毛巾把它裹起来以免被它抓伤，然后快速把它放进一个纸箱中，并在纸箱上戳一些小透气孔（或者用运输猫咪的笼子也可以）。

不要喂它吃东西，也不要喂它喝水，尤其是不能随便给它吃药，而是要迅速把它送到动物救助中心去。

收集唾余

在森林里的安静角落，你可能会在一棵松树或云杉树下面看到一堆唾余。

稍微离远一点儿，然后试着在这棵树上寻找长耳鸮的身影。因为它身上羽毛的颜色与树皮十分相似，所以它很容易让人误以为是树干的一部分。这种猛禽总是在同一棵树上停歇，所以它们也总是把唾余吐在同一个地方。随着时间的推移，唾余就堆积起来了。

这是哪种猫头鹰

如果它发出“嘶嗨……嘶嗨……”或“咕……咕……”的长声鸣叫，那这是一只猴面鹰，它往往生活在居民区附近。

如果它规律地发出“咕咕”的鸣叫，并不时伴随着“喂哟”的尖厉叫声，那这是一只纵纹腹小鸮，它会在果园或公园栖息。

如果它先是发出“呜呜”的鸣叫，紧接着又发出“呜……呜……”的连续鸣叫，那么这是一只灰林鸮，它一般出现在树林中。

它会不会蜇人？

流浪的蜜蜂

帮它们建个蜂巢吧！

空心的竹竿或麦秆会吸引那些离群的蜜蜂来筑巢，但你需要帮它们用泥土把其中一头的窟窿堵住，以免蜂巢被大风吹透了。

在大人的帮助下，在一段木柴上钻一些不同直径的小洞，在钻孔的时候要当心别钻透了，然后把它放在阳光充足的地方。一旦有蜜蜂选择在这里筑巢，它们会用泥土把窟窿都堵住以保护幼虫的安全。

你还可以用树莓、接骨木或覆盆子的树枝系成柴捆，有些蜜蜂种群会选择躲在里面。

胡蜂还是黄胡蜂

胡蜂（身长3.5~4厘米）的个头要远大于黄胡蜂（身长1~2厘米），它们的脑袋和胸部的上半截是棕褐色的。

胡蜂的蜂巢下边总是敞开的（像一个壁炉罩子），这一点和黄胡蜂的蜂巢恰好相反。

发现蜂巢

我们在哪里能找到金环胡蜂的蜂巢?

金环胡峰是亚洲常见的胡峰,它们的蜂巢总是悬挂在大树的高处。秋天的时候,少了树叶的遮蔽,你能更容易地发现蜂巢的踪影。这种蜂巢个头很大:高度大概有1米,直径也在80厘米左右,洞口开在旁边而不是下面。

被蜂蜇了怎么办

迅速找到一个强热源(如点着的香烟),让被蜂蜇的地方贴近这个热源并保持至少1分钟。

现在,这些小家伙的毒素就被高温破坏了。也就是说,蜂毒是不抗热的。

蜂后的秘密

在孵化后的前三天,所有的幼蜂都以蜂王浆为食。而三天后,如果某只幼蜂仍然食用蜂王浆,那它以后就会成长为蜂后;但如果它改吃花蜜或者花粉,那它就会变成一只普通的工蜂!

胡蜂的蜂毒

你知道吗,与我们印象中不同的是,被胡蜂蜇到其实并不一定比被蜜蜂蜇到更危险。胡蜂的蜂毒主要用于杀死它们的猎物,所以并不会一下释放出大量的毒液;而蜜蜂是为了不让某些哺乳动物(如熊、獾,也包括人类)抢走它们的蜂蜜,所以它们的蜂毒会比一些胡峰的蜂毒毒性更大,因此也更加危险。

不停结网的蜘蛛

音叉来“敲门”

给乐器调音，常通过音叉的振动来定调。

按照下面的方法试试看：用音叉轻轻敲打挂有蛛网的小树枝，使它产生振动并传导到蛛网上，这感觉就像蚊子被蛛网缠住所产生的振动一样。很快，蜘蛛就会从隐蔽处爬出来，准备进攻它的猎物！

伪装

你觉得自己看到了一只胡蜂落在了蛛网上？你看错了，那是一只横纹金蛛，一种天生拥有黄黑色伪装的蜘蛛。

鸟类也对它退避三舍。虽然它并没有能力伤害到鸟类，但鸟儿们也不会去攻击它。于是，它就可以整天明目张胆地待在网中间！

收藏蛛网

你发现一张被放弃了的美丽蛛网？

先在蛛网上喷一层生漆，然后用一张黑色的纸轻轻粘在蛛网上，剪断蛛网与树枝连接的蛛丝，让蛛网在纸上晾干，再将整张纸装进一个透明文件夹里。

这仅仅是一项艺术品大收藏活动的开始而已！

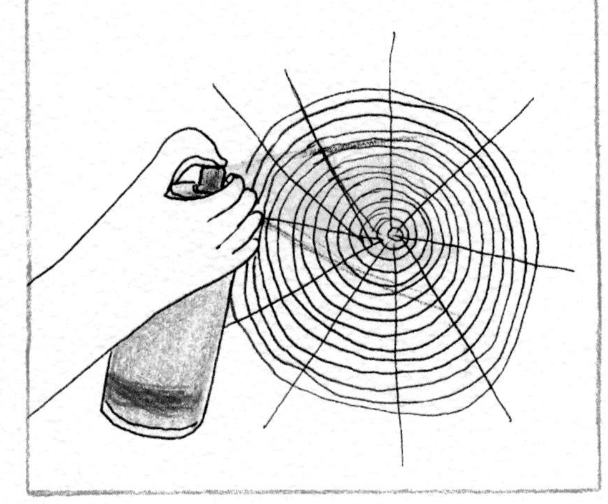

蛛丝的纪录

蛛丝其实既坚固又有很好的延展性。它的强度甚至高于钢丝。

据测试，这种丝线不仅拥有良好的抗水性，而且每平方厘米的蛛丝能承受45吨的重量！

纪实摄影

为了能照出美丽的蛛网照片，请选择日出或者日落时分来拍照。

当你在背风的地方找到了一张美丽的蛛网，请选择背对太阳的方向来拍照。如果你有三脚架，最好用上它，这样可以让你的相机保持完美的稳定性。如果刚刚下完小雨，照片可能会更美，因为蛛网上会闪耀着无数晶莹剔透的小水珠。

不知疲倦的编织者

看看这只蜘蛛！一旦它发现自己织的网被大风、雨水或者撞在上面的昆虫损坏了，它会亲自把破损的蛛网全部拆掉，然后重新结一张完整的网。不过，在蜘蛛的眼中蛛丝可是非常珍贵的，怎能随便浪费？所以蜘蛛会把旧的蛛网回收起来团成一团然后吃掉。

经过消化，这些旧的蛛网又变成了液体，并重新汇聚在蜘蛛的腹部，再次用来生产结网的丝线。因此，新的蛛网其实有90%都是由回收再利用的蛛丝织成的！

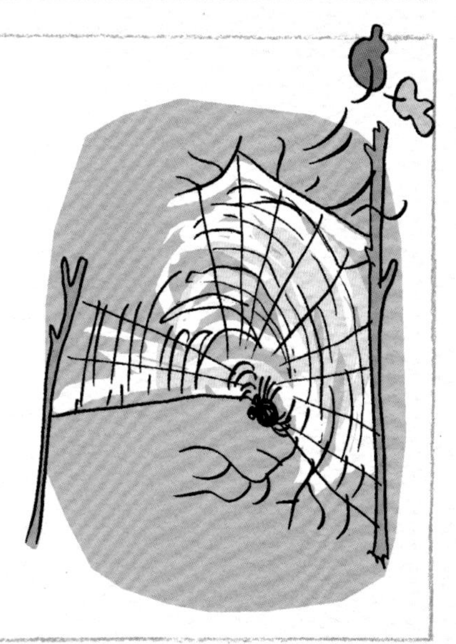

在草原间穿梭

树莓的天堂

美味的花

有些花是有毒的，但另外一些却是可食用的，甚至吃起来甜滋滋的。只要选择那些我们能够准确辨认出种类的花就可以放心享用。比如：拥有独特紫色花瓣的堇菜；拥有白色花瓣和黄色花蕊的雏菊；拥有金黄色花瓣的迎春花，这可是春天最早开放的花朵之一。

短笛曲

想用接骨木来做一件乐器吗？首先你需要认出这种开着一束束伞状小白花的矮灌木。

取一根笔直的接骨木树枝(长约10厘米，直径约2厘米)，用铁丝把树枝中的髓质捅出来。

在长约三分之一的地方开一个孔，作为短笛的嘴儿。在树枝的一端用卷烟纸包住，并用橡皮筋套住系紧。

现在你轻轻地吹气吧！纸片儿产生振动，短笛发出“嘟……嘟……”的声音。

野花

在杂木林里面和四周，生长着金盏花、忍冬、铁线莲等各种野花。在它们开花的时候，找出那些你认为最好看的。

在种子还没散落在泥土中之前，把它们连同花枝一起收集起来，放在通风而避光的地方一个月左右。等它们晾干后，把种子和花枝分开，并将种子储存在一个信封里。

到了播种的季节，把这些种子播撒在你的花园里，然后就可以等着它们开出美丽的花朵了！

果酱

杂木林是树莓的天堂。等到了秋天，采摘它的浆果并尽情享用吧！

去掉树莓的果梗，用水把它们洗净，之后连同糖、柠檬汁和水一起在锅里熬15~20分钟。

然后，把熬好的果酱趁热倒进罐里，并拧紧盖子，把罐子倒扣直到冷却，以便更好地储存果酱。

树篱里的居民们

看！在杂木林的上层，是松鸦、喜鹊、红隼、长耳鸮等鸟类的筑巢处，同时也是松鼠和石貂的小窝所在。

在低一点的树枝上，居住着那些体型更小的鸟类：歌鸲、乌鸫……

蜥蜴、刺猬和蛇会隐藏在草丛中。而地下则是鼹鼠和蚯蚓的王国。当然，田鼠和穴兔的窝也在这里。

体验农场生活

稻草娃娃

用稻草做一个漂亮的玩偶娃娃。

先取十来根长稻草，把它们从中间对折。然后在稻草中间的位置用椰棕丝束紧，做成娃娃的身体。再在接近上面的位置同样系紧，当作娃娃的脑袋。

选6根长稻草编成发辫状，用椰棕丝把“发辫”两头系好，安放在身体的两侧，当作娃娃的胳膊。把稻草下边的稻穗均匀散开，当作裙子，这样娃娃就能站起来了。

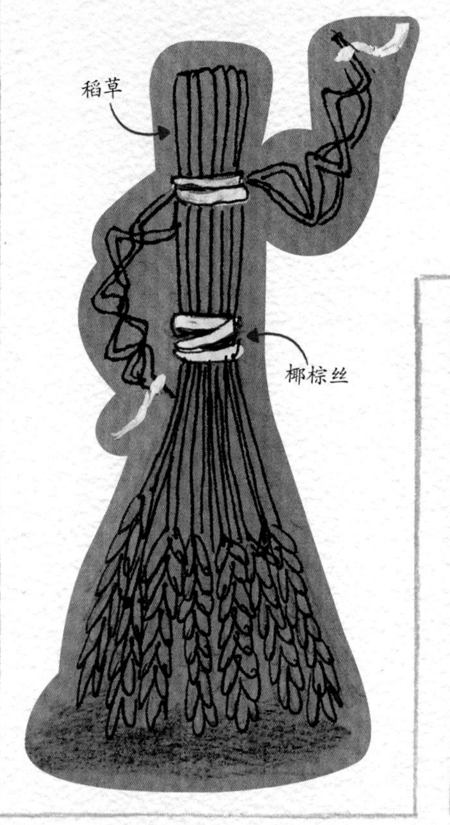

救助幼鸟

乌灰鹞会在农田附近筑巢。在作物收获的季节，它的幼鸟经常被收割者抓到。

像法国鸟类保护联盟（LPO）这样的协会，每到夏天都会开展救助乌灰鹞幼鸟的行动。协会成员会找到这些鸟儿的窝，并把它们移到旁边的春小麦或春大麦田里，因为等到这些庄稼收割之时，这些幼鸟已经学会飞翔了。你呢？你会参与到救助行动当中吗？

（编辑注：在中国，如果捡到受伤的小鸟，可以联系当地的野生动物救助中心进行救助。）

求助！

一旦毛虫开始啃食玉米叶，玉米就会立刻展开自我保护。它会散发出某种气味把黄胡蜂吸引过来，而后者正是毛虫的死敌。

玉米很好地遵循了一个简单的原则，那就是：敌人的敌人就是朋友！

品尝时间到

玉米甜糕是法国西南部地区的一种由玉米面制成的传统糕点。

在一口大锅中加入水、黄油、糖、盐、苦橙花水，然后一起煮沸。

向锅中一点一点地加入玉米粉，用文火加热，并用木勺不停搅拌，大概需要40分钟左右，锅里的混合物就会变成很浓稠的糊状。

把玉米糊均匀倒在一块厚一些的干净屉布上，使它慢慢冷却，然后，把冷却后的玉米面饼切成长方形小块儿，将其薄薄裹上一层面粉，放到平底锅中煎至金黄色，然后趁热盛出来，并厚厚地撒上一层糖。这样，正宗的玉米甜糕就做好啦！

红色的“花炮”

将紧握的拳头竖起，将一片虞美人的花瓣平放在拇指和食指围成的圈上，用另一只手的手心拍打花瓣，就会听到“啪”的一声，像极了鞭炮的声音！

一朵花的所有秘密

虞美人娃娃

拿一朵虞美人，把花瓣弯折下来贴附在花茎上，然后用一根草系在中间，分割出脑袋和身体，两边多留出一小段草叶当作娃娃的胳膊。再额外插一根花茎进去，连同原本的那根花茎一起当作娃娃的两条腿。用针在“脸”上扎两个小孔，它们很快会变黑，这样娃娃的眼睛也就完成了。

花冠

采集一些花茎修长而柔韧的花朵，例如蒲公英、雏菊、矢车菊……

1.取第一朵花拿在手中，把第二朵花呈直角搭在第一朵花的花茎上。

2.把第二朵花的花茎缠绕在第一朵花的花茎上，然后将绕过来的花茎与第一朵花的花茎平行。

3.再拿来第三朵花，让它呈直角搭在前两朵花的花茎上，然后把它的花茎缠绕在前两朵花的花茎上，让几根花茎保持平行。

4.按照这个方法继续操作。

分解制作花朵标本

找一朵简单的花，例如毛茛，然后仔细观察它的花被。

你可以辨认出萼片、花瓣、雄蕊和雌蕊。

虽然目前你看不到，但当花朵成熟时雄蕊上会生出花粉，并在风或者昆虫的帮助下在同种花之间完成授粉。

小心地把花朵的各部分一一分解开来，并将它们夹在两张吸水纸中间吸干水分。

最后，把它们粘到你的植物标本集里，并标注上花的名字。

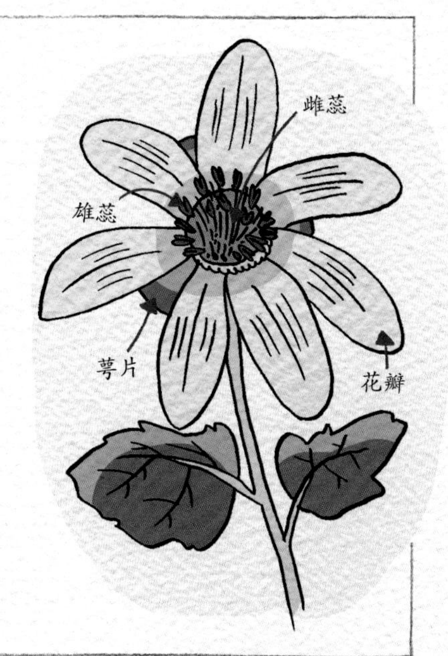

现在几点啦

瑞典生物学家卡尔·冯·林奈是最早发现并指出同一种类的所有花朵总是在同一时间段开放或闭合的人。

有些植物喜欢在清晨开花，而另外一些则喜欢在夜间开花。在清晨漫步时，你会看到睡莲和万寿菊的绽放。而到了傍晚，你可以看到紫茉莉的盛开，同时睡莲则会合起它的花瓣。园丁们甚至专门制作了鲜花时钟，用花圃中的不同花朵来指示时间。

植物标本集

通过收藏干制标本来学习辨认野生植物是一个很好的方法！

将开花的植物连根从地里挖出来，平放在两张报纸中间，再放进闭合的画夹里。

回家之后，把整株植物夹在两张吸水纸之间，再在上面压上厚重的书本，以便让植物的水分尽快被吸收掉。把压好的植物固定在打好孔的画纸上，在画纸的下端粘上一条纸带，在上面标注上植物的名字和采集地点。然后就可以把新做好的标本页放进你的文件夹里了。

牧场里的好朋友

放心奶

准备好为奶牛挤奶啦？

以恰当的姿势坐在奶牛身体右侧的凳子上，把奶桶夹在两腿之间放稳。

张开手掌，用拇指和食指压紧奶牛的乳头基部，以免在挤的过程中乳汁回流到乳房当中去。然后从中指开始，用其他手指顺次压挤乳头把牛乳挤出。

然后，再张开手掌，让乳汁从奶牛的乳房中流向乳头，再重复上面的动作。

安全提示：挤牛奶时最好佩戴手套，防止传染病菌。

奶牛的纪录

身上分布着黑白斑状花纹的荷斯坦奶牛是奶牛界的产奶世界冠军：一头荷斯坦奶牛一年的产奶量可以达到10 000升。

剪毛机的纪录

用电动羊毛剪剪羊毛的最快世界纪录是45.41秒。

用同一个羊毛剪，一个优秀的业余爱好者能在10分钟左右剪完一只绵羊的羊毛，而一个专业剪毛工则只需要2~7分钟！

谁要来点儿奶酪

按照下面的食谱，就可以制作出新鲜的甜味或咸味山羊奶酪，再配上一些香料，真的美味无比。

把羊奶加热到35℃后倒入一个沙拉碗里，在奶里加上3～4滴凝乳酶，在碗上盖一块屉布。然后将它们放在20℃左右的房间内，静置12小时。

当碗里的奶凝结之后，把它倒进一个衬有屉布的家用滤锅里，使鲜奶酪和乳清分离。然后再把屉布里的奶酪轻轻倒进碗里就可以了。

简直太牛啦

你知道吗？奶牛和其他反刍动物一样，都拥有四个胃组成的消化器官。

它们在一开始吃草的时候并不会咀嚼，而是吞咽下去，把草叶存储在瘤胃当中。等到它们睡觉时，草叶直接从瘤胃经过网胃，返回到嘴里。

这个时候，它们会用臼齿慢慢咀嚼草叶，直到草叶变成糊状食糜。接着，食糜会进入瓣胃，最终进到皱胃，然后被彻底消化。

热闹的草原生活

动物粪便
小百科

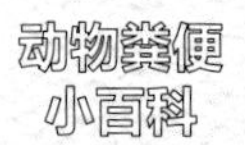

野兔

穴兔

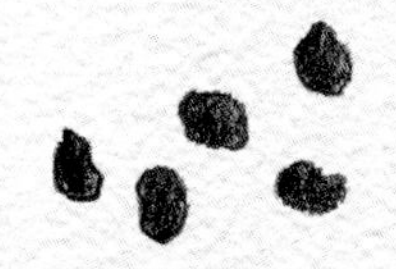

田鼠

田鼠的纪录

当条件适宜的时候，田鼠会快速大量繁殖：一对田鼠在一年中能连续繁殖5、6窝幼崽，等到秋天，这个家族就会增长到100只。

这个土墩是谁的家

田鼠和鼹鼠的窝都像一座小土丘一样，你能把它们区分开吗？

鼹鼠的窝一般是用土块和碎石堆成的高高的圆丘，地道的入口会开在正中间。

田鼠的窝通常是个略扁的土丘，往往是用细土和植物残留物堆建而成。洞口总是位于土堆的一侧。

鼹鼠窝

田鼠窝

“演出”时间到

在草原上，你总是可以看到一幕幕很精彩的“演出”，尤其是在森林边上。

当夜幕降临的时候，你可以藏身在草地中静静观察……你会看到，猛禽和狐狸纷纷出动捕捉田鼠充饥，狍子出来享用鲜嫩的树叶，獾从土里刨食蚯蚓果腹。

动物足迹小百科

“堂兄弟”

穴兔和野兔其实是一个大家族里的成员。

想把它们区分开来，就要注意观察它们的耳朵：穴兔的耳朵比脑袋要小些，而野兔的耳朵却比脑袋还大。

狡猾的家伙

野兔总是会被它的气味所出卖。在它走过的地方，这种气味会持续一个小时左右，无法消散。但是，当它感觉自己被跟踪时，会突然停下来，反身沿着之前的足迹往回走一段，然后再重新向前走。紧接着它会一跃而起，跳到距离原来行进线路3.5米远的地方。

它会多次反复使用这个技巧，从而甩掉所有的捕猎者！

稀奇古怪的爬行动物

同伴被蝰蛇咬了怎么办

一定要立即给伤口消毒，然后用绷带紧紧勒住伤处靠心脏一侧，并尽快把他送到最近的医院。在此过程中，要告诉受伤的同伴尽量保持冷静，不要乱动。

蜥蜴的尾巴

对于大部分蜥蜴来说，它们都掌握着一手“断尾求生”的绝活儿：当它们的尾巴被捕食者抓住时，尾巴会自然断落并在地上活蹦乱跳，而蜥蜴正好利用这个机会逃生。断尾处的血管会迅速收缩，从而避免了大量失血。

而很快地，一条新尾巴会从之前断尾处生长出来。

绝妙的爬树高手

你在树上看到了一条蛇？那很可能是一条长锦蛇。它能将身体盘绕在树枝上爬行。这让它能轻松地爬到鸟巢里，吞食里面的鸟蛋和雏鸟！

蝰蛇还是游蛇

蝰蛇的蛇身短粗，口鼻处微微翘起，瞳孔竖成一条线。当受到惊吓时，它会咬人并向人体内注射毒液。

至于游蛇，它通常是无毒的，蛇身细长，口鼻处呈圆形轮廓，瞳孔也是圆的。

供蜥蜴栖身的小矮墙

这个简单的建筑将为蜥蜴提供居住之地。

选一个朝南的地方，在60厘米见方的面积上挖一个20厘米深的小坑。

在坑里铺上10厘米厚的沙土、干草和枯叶的混合物。

在沙土的上面摆放一些大石块，并堆砌出一堵满是缝隙的小矮墙。矮墙至少要高出地面50厘米。

然后，可以在矮墙脚下用沙土堆一个小斜坡，以便雌蜥蜴可以到这里来产卵。

没有四肢的蜥蜴

在潮湿的地方，或在草丛中，你经常会遇到一种“玻璃蛇”。这种动物看起来像是一条蛇，但实际上，它的学名叫脆蛇蜥，是一种没有四肢的蜥蜴。在遇到危险的时候它也会断尾求生。它最喜欢的菜谱包括：蛞蝓(鼻涕虫)、蜗牛、蚯蚓或者毛虫之类的小型无脊椎动物。

蝴蝶还是飞蛾？

饲养毛虫

你将会欣赏到毛虫是如何蜕变成蝴蝶的，多么神奇！

四五月时，在乡间找一大片荨麻地进行观察。等到在荨麻的叶片上发现毛虫的时候，你可以戴上手套，小心翼翼地连根挖出几株荨麻，当然，也要连同叶子上的毛虫一起。

把挖出来的荨麻重新栽种到一只短颈大口瓶中，然后在瓶口盖上细铁丝网。随时观察，确保毛虫有足够的荨麻叶可以食用，并时不时给叶子浇点儿水。

四周之后，毛虫便会蛹化，再过两周左右蛹就会羽化，最终蜕变成美丽的蝴蝶！那个时候便是打开铁丝网让它重获自由的时刻啦！

彗尾蛾的纪录

世界上最大的蛾类生活在马达加斯加森林，叫作彗尾蛾。它的翅膀展开可达到30厘米宽，翅膀后缘还带有长长的尾巴。

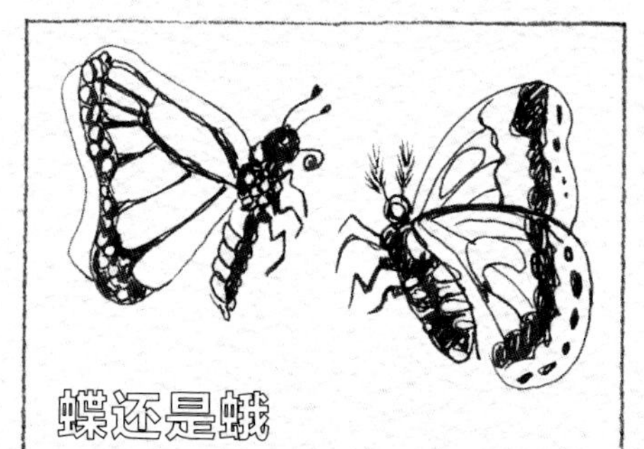

蝶还是蛾

要想辨认出它到底是蝶还是蛾，就观察下它们的触角和翅膀。

蝴蝶的触角一般呈棒状或锤状，也就是说它的触须很细但末端膨大。在停歇的时候，蝴蝶的翅膀是闭合的。

而蛾的触角往往呈梳子状或羽毛状。在停歇的时候，它的翅膀平放在背上，好像屋顶一样。

鬼脸天蛾

鬼脸天蛾是一种会迁徙的蛾子，每年它都会从欧洲南部飞到俄罗斯、挪威以及冰岛。

在它的胸背处有一个类似鬼脸的图案，这也是它名字的由来。它是少有的可以发出鸣叫声的蛾类，叫声有些像老鼠。它非常爱吃蜂蜜，甚至不惜钻进蜂巢里去偷吃。而它身上的鳞片能保护它不受蜂螫的伤害，同时蜂毒对它也基本没什么影响。

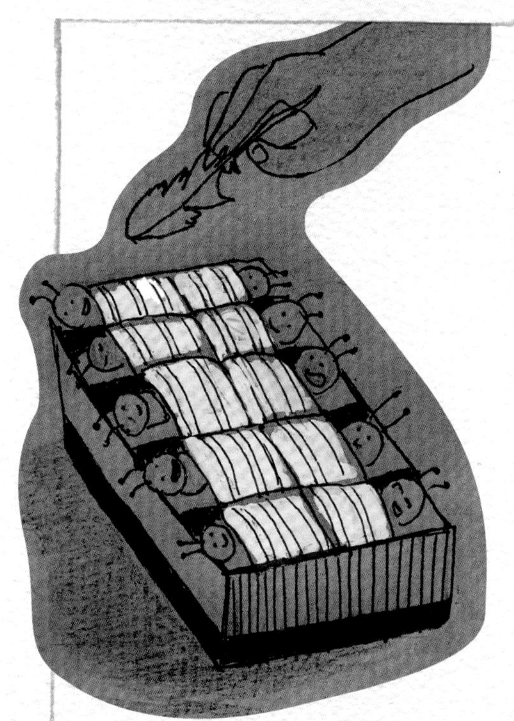

小小育婴室

雌蛾与雄蛾的区别主要在于雌蛾的触须更细，所以你能很容易地将它们辨认出来。雌蛾在被捉住后往往很容易完成产卵过程。

小心地抓住一只雌性蚕蛾或天蛾，把它放到一个铺有白纸的纸箱里。

数天后，你很有可能会发现它产下了数十枚(甚至上百枚)卵，这些卵将慢慢孵化成小毛虫。

可以喂它们吃一些蒲公英或者荨麻的叶子。

收藏鸟的遗物

带有环标的鸟儿

鸟类学家时常会捕获一些鸟类，为它们戴上环标然后放生，这样他们就可以更好地了解和保护这些鸟类。

如果你发现了一只死掉的鸟儿戴着环标（或者只是看到了一枚环标），可以把环标捡回家并粘在一张纸上，然后尽可能详细地记录以下信息：发现环标的时间和地点、鸟儿的死因（如果你知道的话）。

把环标和这张纸一起寄到"法国鸟类环标信息研究中心"，如果环标成功寄到了，你会收到一张回复的卡片，上面记录了工作人员所了解的有关这只鸟的全部信息。

（编辑注：如果是在中国，你可以把它寄到"全国鸟类环志中心"，地址：北京1928信箱全国鸟类环志中心。）

收集鸟巢标本

秋天来临时，树篱和灌木丛的树叶纷纷掉落，那些被小鸟们遗弃的鸟巢就变得明显易见。

因为遗弃这些鸟巢的鸟儿每年都会重新筑巢，所以你可以小心地把弃巢从枝头取下来，带回家里放进纸箱保存。不过别忘记贴好标签哟！

DIY羽毛头饰

自己做一个印第安首领在庆典时所戴的那种羽毛头饰。

剪一条宽布条来做发带，发带的长度要正好符合你的头围。

在发带上面缝上一圈漂亮的羽毛，然后再在两端缝两根细绳，以便可以把做好的头饰固定在头上。

报时的鸟儿

在清晨，你能通过鸟叫声来判断时间吗？歌鸲在6点左右就开始歌唱啦，紧跟着依次是杜鹃、山雀、燕雀、松鸦和绿啄木鸟。不过要注意，鸟儿歌唱的时间会根据我们所处的地点不同而发生变化。

谁是凶手

你看到一只鸟躺在地上，已经没有了生命的迹象。它刚刚发生了什么？为了更好地获知真相，你需要仔细检查一切蛛丝马迹……

戴上手套，捡起一根掉落在地上的羽毛，然后进行观察：如果羽轴(羽毛中间的管)的根部被折断了，那可能是像狐狸这样的小型食肉动物干的；如果羽轴完好无损，那恐怕是猛禽的杰作。

接着可以观察一下鸟儿的胸骨——形状有点儿像船头。如果胸骨被割开了，那么它应该是被雀鹰或隼等捕食鸟类的猛禽撕扯致死的。

所以，你一定已经知道了！凶手就是……

好伙伴

你有没有观察到燕子总是围在奶牛身边打转？这是因为奶牛身边总有很多蚊虫，所以它们不得不经常甩动尾巴来驱赶这些烦人的家伙，而这些虫子恰好成为燕子的美餐！

掠食的猛禽

黑鸢还是赤鸢

在逆光的情况下，赤鸢看起来和黑鸢一样也是黑色的。

那要怎么来区分它们呢？注意观察它们的尾巴：赤鸢的尾巴呈现弧度较大的“V”字形，而黑鸢尾巴的弧度会平缓很多。

像猫头鹰一样

模仿猫头鹰的叫声。

取一个卫生纸卷筒，用带细褶皱的纸把两端堵上并用胶带粘好。

在卷筒四分之三的地方钻一个小孔。取一根吸管，将其中一端剪成斜口，然后让斜口向下，把吸管插进刚刚钻好的小孔中，但注意不要把它整根都插进去。现在用嘴吹吸管便会发出“呜呜”的声音，就像猫头鹰的叫声一样。

古怪的飞行

红隼的身影很容易就可以被认出，因为它能够悬停在空中！这是它用来锁定猎物的独门绝技：这种猛禽能够通过扇动双翅来使自己停留在高空中，以便更好地观察狩猎区域内的猎物的一举一动。

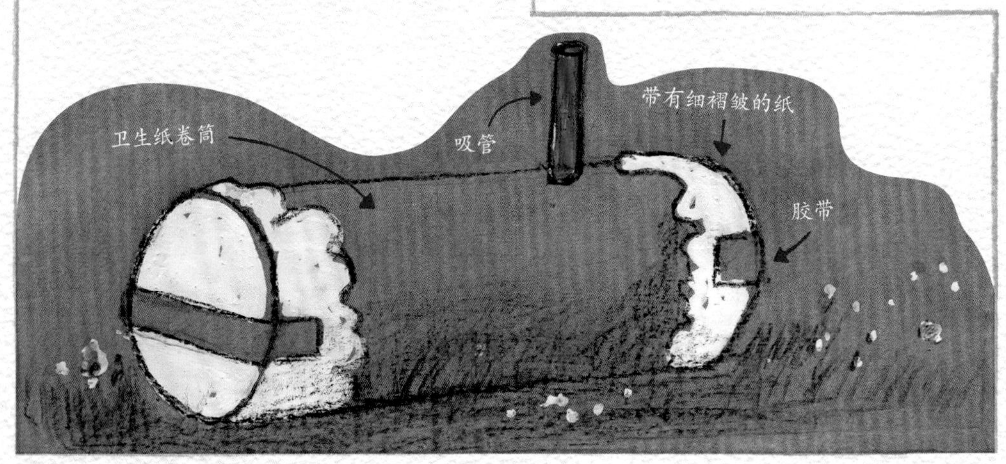

“空中楼阁”

为鵟搭建一个栖架：在上边，它能准确地锁定草原中的田鼠！

首先要征得牧场主人的许可，以便能够在他的地盘上搭建这个栖架。具体方法是：找一根2.5米长的木杆，在木杆的顶部固定一根长约30厘米、直径30~35毫米的圆木，然后在地上挖一个60厘米深的坑，把木杆插进坑中，最后在木杆脚下堆放一些石块把它固定住。

非凡的视力

一只鹰刚刚抓住了一只田鼠。可是它是怎么做到在那么远的距离之外（有时甚至是20米开外）准确锁定猎物的呢？

鹰是所有猛禽中视力最敏锐的：鹰的视力是人的8倍，它可以看清我们看不到的细节。

看到了猛禽

你看到一只鸢在农场上空缓慢盘旋，好像很快要来袭击农场里的母鸡或者鸭子了？你可以放心，完全不必通知农场主有危险：赤鸢通常只会吃死掉的小动物，而黑鸢也只会吃漂在水面上的死鱼。

虫虫大合唱

养只蛐蛐

不仅可以欣赏它的歌声，还可以观察它的生活和繁殖。

在一个鱼缸的底部铺上两厘米厚的沙土，在上面放几个盛鸡蛋的包装盒，当作蛐蛐(蟋蟀)的窝。然后再放上两个小纸盒：一个里面放上食物(例如洗净的生菜、面包、没有喷过农药的草叶、小片的苹果或梨)；另一个里面装满沙子，用来给蛐蛐产卵。每个小纸盒前面都搭一个小梯子。

如果你准备了足够的新鲜蔬菜，就不用单独放置饮水槽了，否则就需要在一小片棉花上倒一点儿水：这样蛐蛐既可以喝到水，又不会有被淹到的风险。用铁丝网把鱼缸盖好，在旁边放置一盏40瓦的台灯以保持足够的温度。

蝗虫还是蝈蝈

想要回答这个问题，只需要看一看它的触角就一目了然啦：蝗虫的触角短而粗，而蝈蝈的触角则很长很细。

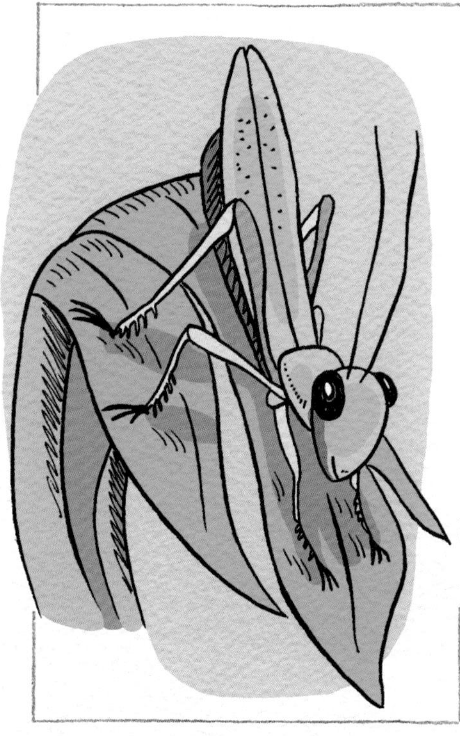

昆虫温度计

怎么用一只手表来测量户外的温度？仔细聆听鸣虫们歌唱就好了。

在15秒钟的时间内数一数蝗虫的鸣声：如果有28声，那么外边大概有20℃；如果有37声，那么外边是25℃左右；如果是46声，那么外边恐怕有30℃。

当你听到蝉鸣声，外边至少有28℃。

至于蛐蛐，可以数一数它在8秒钟内的鸣声数量。用这个数字再加上5就是外边的温度：例如，如果它在8秒内鸣叫了20声，那么外边的温度就是25℃。

露天音乐会

蛐蛐和蝈蝈都是通过摩擦鞘翅来发出声音的，声音听起来是："唧唧唧……唧唧唧……"

而蝉的腹部长有一个发声器，就好像蒙上鼓膜的鼓一样。蝉就是通过振动发声器上的薄膜来发声的，声音听起来是"嘶……嘶……"

逮蛐蛐

通常来说，我们可以用地质测量的方法来找到蛐蛐的洞穴，然后逮住它。

首先，利用两棵树来定位虫鸣源于哪个方向：循着虫鸣声，以远处两棵树为坐标引出一条直线，让你自己和两棵树处于一条直线上，之后以这条直线为轴转动90度角，再朝着虫鸣的方向走过去。

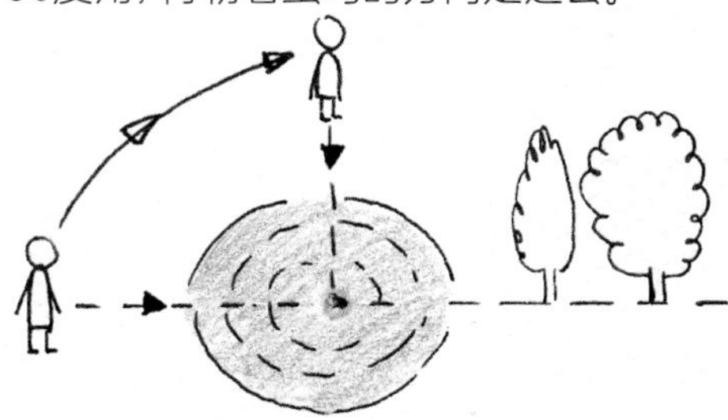

当你走的路线正好和之前作为轴的直线相交会的时候，你就到了蛐蛐的洞穴所在地了：用一根麦秆伸进洞里把蛐蛐赶出来，然后小心地抓住它就可以了。

小个子昆虫

生活中的好搭档

很多种蚂蚁都与蚜虫之间缔结了联盟：它们把蚜虫当成“奶牛”来养！

它们用足或触须抚摸蚜虫，蚜虫就会分泌出一滴一滴的“蜜露”——一种甜甜的液体。

蚂蚁会享用这些美味佳肴。作为回报，它们也会保护蚜虫抵御黄胡蜂和瓢虫等天敌的捕食。

沿途追寻线索

你看到一群蚂蚁？

在蚂蚁群附近放一点儿吃的东西。很快，其中一只蚂蚁就会发现它们，并开始把它们分解成小块运回蚁穴。

搬运过程中，蚂蚁会通过用腹部摩擦地面的方式在沿途留下气味。其他蚂蚁很快便可以追寻着气味排队来搬运食物。

如果你想搞个破坏，那就用打湿的手指在这条肉眼看不见的线路上擦一下。这样，蚂蚁们就无法找到之前的路了。

消灭蚜虫的窍门

不使用杀虫剂，怎么才能摆脱蚜虫对植物的侵扰呢？可以利用瓢虫的幼虫！

它们是可怕的蚜虫杀手：一天可以吃掉150只之多的蚜虫。

养瓢虫

像一位真正的生态园艺师那样对付蚜虫。

在园艺商店订购一些瓢虫的幼虫。然后从花丛或果树上抓一些蚜虫。由于这些小家伙都很脆弱，所以最好连同花朵或果树的细枝一同折下。

找来一个玻璃缸，把石块、湿棉花连同瓢虫幼虫以及带着蚜虫的树枝一起放进去。玻璃缸上面用细铁丝网盖好，在里面放置一个40瓦的灯泡来保持足够的温度。每两三天更换一次树枝，还要记得经常清理玻璃缸。

20天之后，幼虫就会完全长成瓢虫，然后它们又会在这里产卵。观察一两个月，充分了解了瓢虫的生活习性后，就把它们放回到大自然中吧。

蚁后

在5~8月的高温天气里，可以观察飞行交配的蚂蚁：雄蚁和未来的蚁后们在低空中飞舞，自由选择对象。这种行为被称为“婚飞”。

几个小时后，情投意合的雄蚁和雌蚁便会飞落地面，各自脱掉翅膀，完成交配。雌蚁受孕后会寻找合适的场所产卵，繁殖后代，然后另立新的群体，而它们也会成为新家族的蚁后。

从足迹追寻动物

一步接一步

完成动物足印的模型收藏。

1.在动物足印的外围，用硬纸板围成一个圈，用曲别针别好。借助小树枝把这个纸板圈固定在地面上，罩住足印。

2.在一个容器中倒上水，然后一点一点加入石膏并不停搅动，直到它变成浓稠的糊状物。

3.将混合好的糊状物倒在动物足印上，等待两小时让石膏慢慢凝固，然后把它小心地从模子中取出，再放置24小时

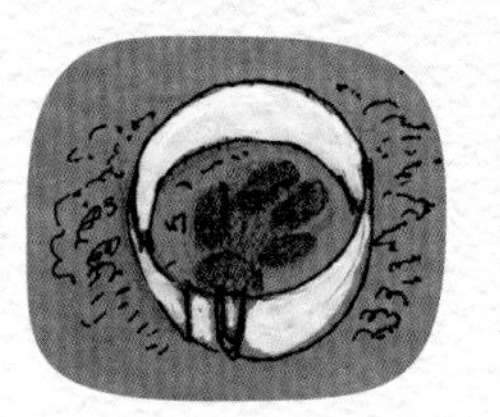

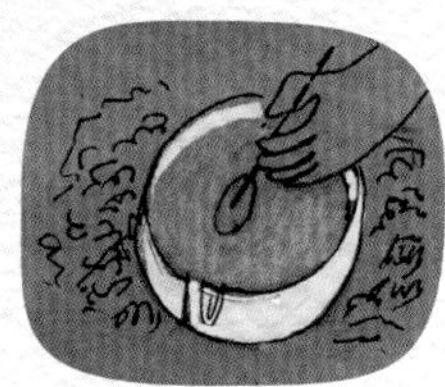

左右使它完全干透。之后用刷子把这个美丽的“浮雕”清洁干净。

4.最后一个步骤：用刷子给“浮雕”整个刷上油，再用硬纸板将其围起，做成一个圆形的模子并系紧，之后向里面倒入糊状的石膏并等待它凝固。石膏完全凝固之后，把新的模型(这回是凹进去的)和之前的浮雕分开并清洁干净，再标注清楚相关的动物名字就可以了。

白色足印

当雪季来临，你可以在雪地上看到所有经过动物的足迹：啮齿动物的，狗或者狐狸的，鸟儿们的……没有什么能躲过细心的观察者，只要你仔细读过这本书！

你需要：

* 硬纸板带(40×5厘米)
* 石膏
* 容积为1升的圆形塑料容器
* 一瓶水
* 曲别针
* 细绳

谁从这里经过

仔细留意下面的细节，你便会知道答案：

- 在农田周围的带刺铁丝网上残留了动物的皮毛？那是狐狸(皮毛是红棕色的)或者獾（皮毛为黑白花纹的）从下面钻过时留下的。
- 树干在距离地面高度20厘米至1米之间位置的树皮上有明显划伤？那是狍子在这里蹭过痒的痕迹。
- 小树枝被折断了？那是野兔的杰作。
- 在地上看到被由里向外啃食过的榛子壳？这意味着田鼠曾经出现过……

慢步，疾行，狂奔

一连串动物足印合在一起，被称为“足迹”，它可以告诉你这些动物在行进时的步态。

例如，如果你看到狍子的蹄印是规律的，说明它是慢步或疾行经过这里的；但如果你看到的是一组一组的蹄印，那它们是狂奔或跳跃着经过这里的。

这些林间小路是什么

由于总是重复经过同一个地方，野生动物们便慢慢开辟出了一条条小路，它们被称作野兽的“回家之路”。沿着这些小路你就可以找到动物们的洞穴，同时也能找到最有利于观察它们的位置。

发现池塘的小秘密

芦苇丛里的小世界

避风港

芦苇生长在沼泽、湖泊和池塘的边缘。由于它们总是茂密地生长在浅水中，所以会让人感觉像是一片难以进入的未开垦的森林……我们称它为芦苇湖！

动物们总能在这里找到庇护和食物：鱼儿会在水中产卵，蜻蜓会落在芦苇秆上交配，鸟儿会拿芦苇叶筑巢，而燕子也总是并排栖息在一棵芦苇上。

美丽的鸟巢

苇莺能在池塘边建造出既坚固又具有极好隐蔽性的鸟巢……让我们来学学它的技术！

将四根5厘米高的芦苇呈正方形插在地上，相邻两根之间保持5厘米的距离。再用灯芯草秆将它们紧密地编织在一起做成鸟巢的底座。

接下来，在相邻两根芦苇之间，拿灯芯草秆按“8”字形缠绕的方式来编织鸟巢的边，直至它的四周达到适当的高度。最后在里面铺衬上细枝、稻草和芦苇叶，让小窝变得更柔软舒适。

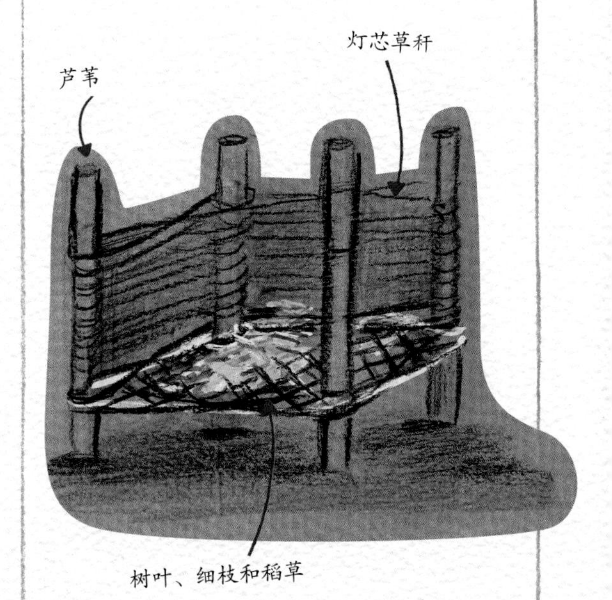

水下勘查

借助这种水下观察镜，你在不弄湿衣服的情况下就可以观察水中的鱼儿和水底的世界啦！

把一个水桶（工地用的那种就可以）放在一块1毫米厚的有机玻璃板上，请专业人员协助，用切割刀把玻璃切成桶底一样的大小。

然后从距离桶底2厘米处把桶底锯掉，用砂纸将底圈打磨平整，涂上强力胶，将切割好的有机玻璃粘上去，然后等它变干。注意，千万别把胶粘到手上！

你的水下观察镜已经准备好了。1、2、3……下潜！

太滑稽了

蜻蜓会捕食飞过它“领空”的苍蝇、蚊子、蝴蝶和蜉蝣。为了迷惑它，你可以往天上扔一块小石子，它就会转过去试图抓住这个新猎物，而不是先完成它之前的狩猎计划。

蜻蜓还是豆娘

当它们落下休息时，可以仔细观察下。如果翅膀会像闭合的书一样合拢或半拢在背部，那么这是豆娘。

如果翅膀会像打开的书那样平展在身体两侧，那么这是蜻蜓。

被隐藏的宝藏

泥炭沼泽

泥炭沼泽是一种独特的呈酸性而富含积水的地理环境：在这种环境下，物质的腐烂分解变得非常缓慢，就好像时间停止了一样……

有了泥炭沼泽的帮助，考古学家，那些专门探寻过去奥秘的“侦探”，就可以研究那些大约一万年前被埋葬在这里而至今仍保存完好的我们祖先的遗骸。

如果你在这些考古学家身边，就会看到我们祖先皮肤上的花纹、毛发，甚至是指纹都被很好地保存在了这奇特的环境之中。

食虫植物

一起来观察这种叫作茅膏菜的奇特植物。它的叶片边缘密布着长长的“睫毛”，上面挂满了晶莹剔透的“露珠”，闪烁着耀眼的光芒。其实，这些水珠都具有超强黏性。那些被闪烁的露珠吸引过来的昆虫，一旦落在叶片上就会立即被粘住，然后随着叶片慢慢闭起，这可怜的小家伙也会被慢慢消化掉。

在泥炭沼泽中，土地常常是贫瘠而呈酸性的，在这里生长的植物都缺乏氮元素。所以，有些植物就会通过捕食小动物来弥补这种营养成分。

自制迷你泥炭沼泽

你想不想自己养几株食虫植物，然后观察它们是怎么捕食的？

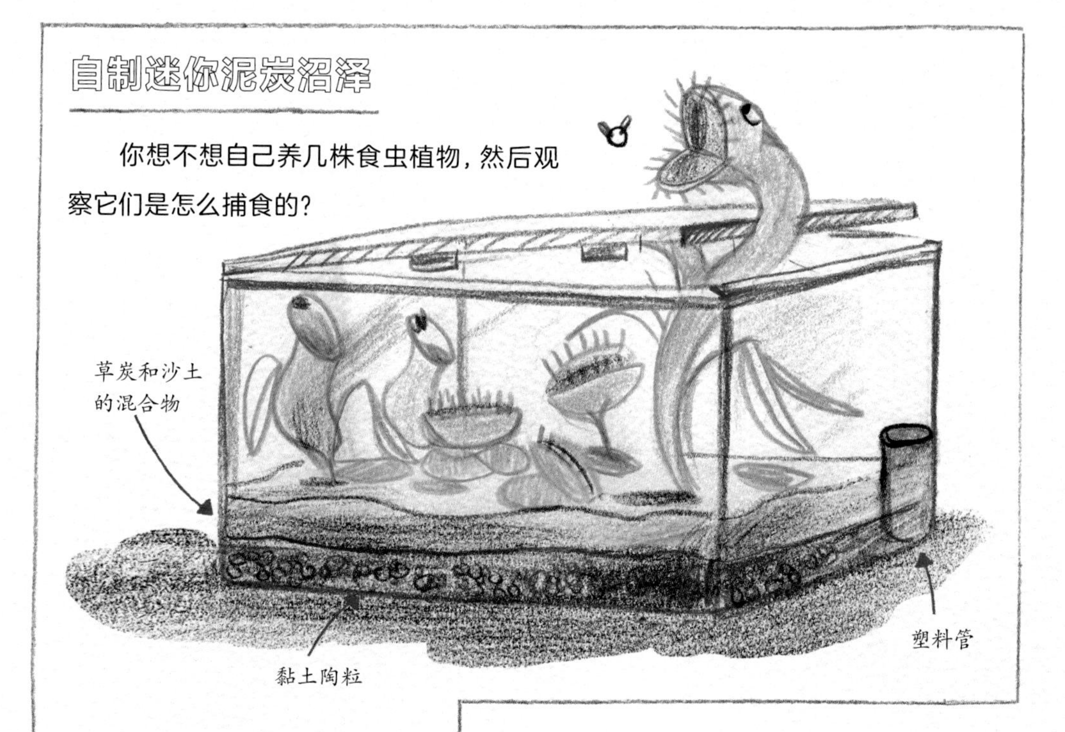

在鱼缸底部先铺一层黏土陶粒，然后在上面放20厘米厚的草炭和沙土混合物（其中，由泥炭藓构成的草炭占三分之二，非石灰质的沙土占三分之一）。在鱼缸的一角放一个直径5厘米的塑料管，用来随时补充水分，使鱼缸底部的饱水层维持在2厘米。

在春天的时候，去园艺店或是培育特殊植物的苗圃买几株迷你型食虫植物，把它们种在草炭和沙土混合物中。

时常为鱼缸补充水，保持足够的潮湿度，这点尤为重要。

大块海绵垫

在经常下雨的地方容易形成沼泽，那里会生长一种苔藓，叫作泥炭藓。

泥炭藓可以吸收它自身重量20倍的水分，使它们看上去像极了一大片海绵地毯。

泥炭藓向上生长的同时，底部会逐渐死去然后慢慢枯萎，但不会腐烂，久而久之就形成了草炭。

池塘里的小动物

“水蜜蜂”

仔细观察一下这种奇怪的动物。它在水中总是采用仰泳的姿势来划水，还常常直接潜入水下。它是一种以其他昆虫为食的水生昆虫，学名叫仰泳蝽，也被人们叫作“水蜜蜂”，因为它会像蜜蜂一样蜇人。在游泳时，它会使用两条长足像船桨一样划水推进。

它腹部周围的绒毛底下贮存的空气，使它呈现美丽的银灰色。

水下景观

按照下面图片中的样子准备一个鱼缸，然后把你提前抓到的小家伙们放进去：

- 水里的“清道夫”：淡水虾以水中杂质为食，淡水贝能起到过滤水质的作用，田螺和扁卷螺能吃掉水中那些细小的绿藻。
- 水里的“居民”：小虾、小蟹、田螺、昆虫幼虫、鱼苗。
- 然后把鱼缸放到朝南的窗边，以保证采光充足。

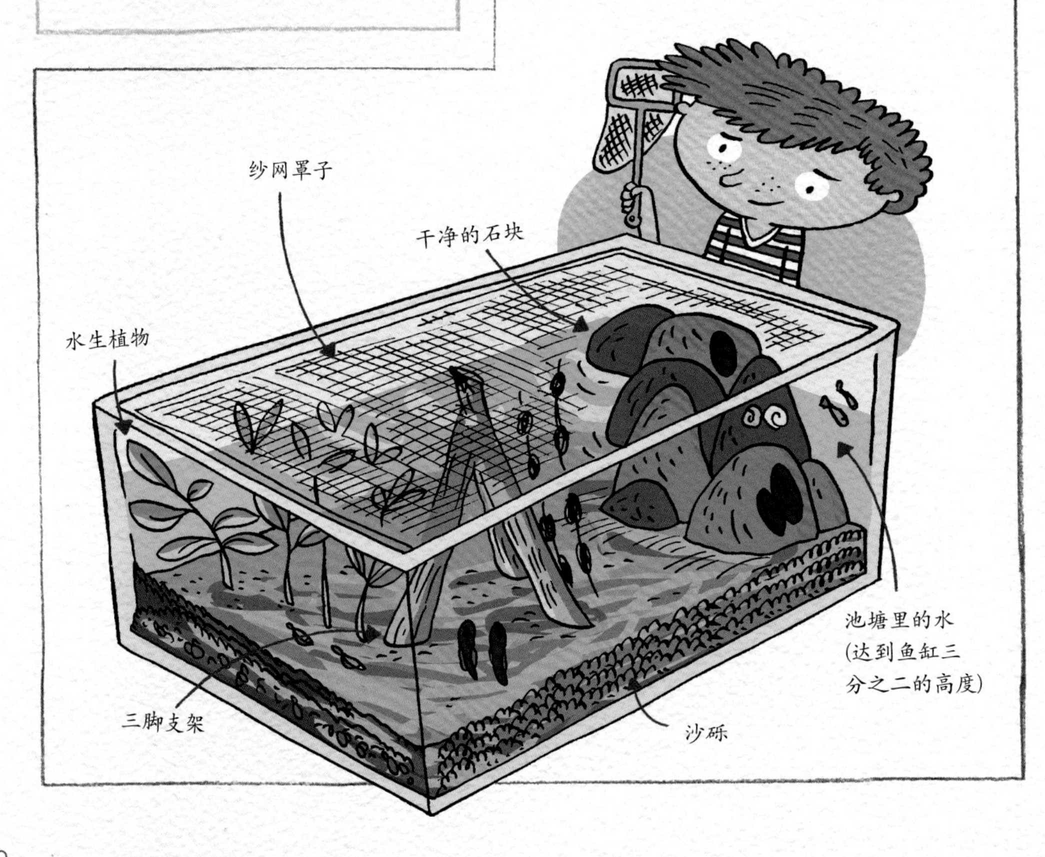

潜水的蜘蛛

水蛛是唯一一种呼吸空气却生活在水下的蜘蛛。它善于用紧密的蛛丝在水生植物之间结网，并且在网下储存气泡，使原本平展的蛛网变成了钟罩形。

当气泡足够大的时候，水蛛会将抓到的猎物带回气泡里慢慢享用！

划水健将

你在池塘的水面上看到过它们吗?

这种昆虫叫作水黾，它的腿上长着具有油质的细毛，能起到防水作用。

其后面的一对足用来控制划动的方向，中间的一对足用来划水，而前面的一对足用来抓住那些不幸落入水中的猎物。

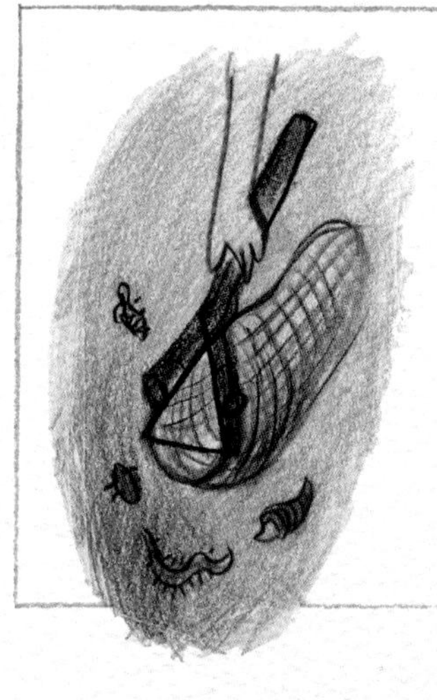

浑水摸鱼

为了探索池塘深处的奥秘，你需要一把网眼细密的小抄网。选一根带分叉的结实榛木枝，用粗铁丝弯一个三角形的铁圈，固定在分叉内侧。

然后拿一个装土豆的细网兜(网眼大小不超过0.5厘米)装在铁圈上固定好。用这把做好的抄网在水底不断搅和，然后把藏在水下的小家伙们用网子抄起来。

水生植物

用灯芯草编织玩具

这件玩具需要两个人合作来完成。

1.将一根灯芯草秆弯成一个倒“U”字形，并固定在两根手指间，当作椅背部分。

2.再取两根灯芯草秆平行放置(如第二张图中的1和2所示)：一根放在椅背后边，另一根放在前边。

3.将1号灯芯草秆的两端弯曲放在2号灯芯草秆上面，然后将弯过来的两段草秆向下夹在手指之间。

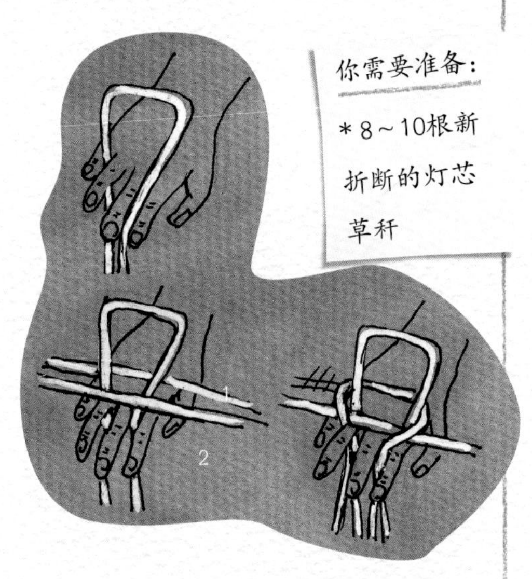

你需要准备：

＊8～10根新折断的灯芯草秆

4.再拿一根新的灯芯草秆平行地放在2号灯芯草秆前边。

5.将2号灯芯草秆的两端弯曲放在新拿来的灯芯草秆上面，然后将弯过来的两段草秆向下夹在手指之间。再用同样的方法添加3～5根草秆。再拿一根草秆把之前夹在手指间的灯芯草秆系在一起，最后用剪子把草秆下面修剪平整。

睡莲和欧洲泽龟

欧洲泽龟是一种生活在湖泊或池塘里的淡水龟，它们能帮助睡莲生长和繁殖。它们以睡莲的种子为食，消化之后再把它们排出体外，这样一来反而更有利于种子的萌发。而当欧洲泽龟从一片池塘转移到另一片池塘时，也就把睡莲带到了一片新的水域。

作为交换，欧洲泽龟可以把它那带有黄色斑点的绿色脑袋很好地隐蔽在睡莲的黄色花蕾之间，不会被轻易发现。

烧伤急救

在水边找到一种叫聚合草的植物。不过要留神它的叶子，那可能会把你的衣服钩住或剐破。

它新鲜的根块能够迅速缓解轻度烧伤。

睡莲的纪录

生长在亚马孙河中下游地区的一种巨型睡莲，它圆形叶子的直径能够达到3米！

人们总亲切地把这些叶子称作大个儿的“蛋挞模子”，因为它们的形状是中间平整而四周翘起的，就像制作蛋挞时用到的模具一样。

花园中的小水塘

在花园中挖一个小水塘，养一些水生植物来吸引那些靠水而生的小动物们！

在你的花园中选一块远离树木且光照充足的地方挖一个坑：坑的中心最深处要达到80厘米，而四周则是平缓的斜坡。然后在坑底和四周都铺上一层沙土。

在坑里铺上一层厚塑料布，布的大小要足够盖住整个坑洞，并且要超出它的边缘。拿一些石块压住塑料布的边缘。

剩下的就是在你的水塘中种下你所选择的水生植物，并把它注满水了！

痛快玩水

微型潜水艇

调节船舱内的空气体积来完成上升和下潜：这就是潜水艇的原理！

将一只塑料瓶中盛满水。取一个圆珠笔笔帽，笔帽下边的尖端部分装上一个橡皮泥球，这就是一个微型潜水艇啦。把它垂直地放入瓶中，以便让笔帽中充满空气并浮在水面上。

盖上瓶子，用力捏紧瓶身，笔帽沉下去了；松开瓶身，笔帽又浮上来了。这是因为，当你捏紧瓶身的时候，水压增大了，原本在笔帽中支撑它浮在水面的空气体积被压缩变小，所以就沉了下去。而当你放开瓶身，情况则正好相反。

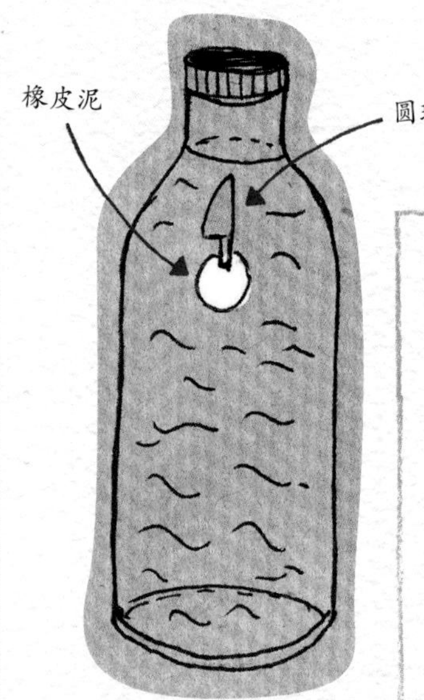

水枪

截取一段20厘米长的空心芦苇秆，一端切开，另一端保留芦苇秆中间的节。

找一根直径略小于芦苇秆内径的硬木棍来充当活塞。

在木棍的一端缠上一些麻绳或麻布，从芦苇秆的开口那边把它塞进去。然后再在另一端的节上钻一个孔，一把简易的水枪就做好了。

准备好向你的小伙伴们“射击”了吗？

用石子打水漂

选择那些大小和手心相仿、表面光滑的圆形石子，将它水平地拿在手中，拇指在上，食指在侧，用这样的姿势把石子斜着打向水面，让它入水的角度保持在10~20度角之间。多练习几次，你丢出的石子就能够成功地在水面上“跳跃”5~6次了。

旅途愉快

要想在湖泊或池塘中航行，再没有比用橡胶筏子更好的了！

找三个卡车轮胎的内胎，用打气筒为它们充上些气。用尼龙绳从中部把车胎系成“8”字形，然后用自行车胎的内胆把它们套住。接下来，继续给轮胎充气，直到它们完全膨胀，最后再用绳子把三个轮胎拴在一起。

你的橡胶筏子已经准备就绪，可以启航了！不过，别忘了穿上你的救生背心！

学划船

你也想像个专业运动员那样划船？首先，要坐在船中间的条凳上，把桨穿过桨架，紧紧握在手中。弓身向前，同时握着双桨的手臂向前伸展开，然后身体向后舒展，同时收起双臂置于胸前：这时小船就开始行进了。接下来就是不停重复上面的动作：弓身向前，双臂伸开，然后身体向后打开，双臂收于胸前……看，成了！

成为垂钓高手

制作诱饵

捕鱼的时候，我们要先在鱼线附近的水中撒上些鱼儿喜欢吃的东西，把它们吸引过来，这个过程叫“打窝”。

先把面包烘烤至干脆的状态，然后用擀面杖把它碾碎成面包屑。再加入一些奶末和玉米面，使它的味道更香。

撒上一些这种诱饵在你下钩的地方，你就等着瞧吧。

垂钓的特殊装备

使用这种特殊装备，可以大大提高你的捕鱼成功率。

取四根1米长的鱼线，每段鱼线下面拴一个鱼钩，然后把四根鱼线等距离系在一根1米长的木棍上。

再取一根10米长的鱼线，一端系在木棍的中间，另一端系在岸边的树上。在每个鱼钩上挂好鱼饵，然后将它整体放到水里。接下来，你只需要时不时地提起鱼线，来取下上钩的鱼就好了。

围猎

鲈鱼在捕食的时候常常展现出其凶猛的一面：它们通常会采取围猎的方式来捕食。有时候它们的追捕过程相当激烈，你可能会看到它们跃出水面却用力过猛反而跳到河岸草地中的情景。

在池塘边垂钓

要懂得选择钓鱼的最佳时刻：例如傍晚时分，或者暴雨来临前天气闷热的时候。

为了增加钓到鱼的成功率，你可以使用两根鱼竿，一根用14/100的鱼线和20号的鱼钩；另一根要更结实些，可以选择20/100的鱼线和12号的鱼钩。

在较大的鱼钩上，要用蚯蚓当鱼饵；而小一点儿的鱼钩上，则使用蛆虫当鱼饵。把那根结实的鱼线抛到尽可能远的水中。

接下来，固定好鱼竿，静静地观察水面。

如果看到一道水痕飞快地划过水面，那是一条鲈鱼正在咬钩。如果水面上冒出小气泡，那下面应该是一条丁鲅或鲤鱼。

有关鲤鱼和鲇鱼的纪录

鲤鱼是一种生性多疑的鱼类，它们习惯群居生活，但鱼群的规模都不算大。鲤鱼的重量甚至可达40千克。

但它们的这项纪录远远落后于鲇鱼，这种淡水中的巨型鱼类生活在江河湖泊的污泥之中，它们最长可以达到4米，而重量也能达到250千克！

“变态”的两栖动物

欧螈的蜕皮之谜

欧螈在水塘中长得很快，为此，它们不得不经常蜕皮来适应身体的成长。蜕下来的死皮，就像是一件完全透明的全身式潜水服，但是你却很难在大自然中看到它们。

这是为什么呢？因为一旦蜕皮完成，欧螈会很快把它蜕下来的死皮吃掉。

欧螈还是火蝾螈

如果你在水里看到一个家伙，它的身体像蜥蜴一样瘦长，却长了一条扁平的尾巴。而在游泳的时候，它的尾巴会带动着身体一起摆动，这是一只欧螈。

但是，如果你在森林里看到一只皮肤光滑、拥有引人注目的黑黄相间的颜色，还长着一条圆尾巴的“蜥蜴”，那是一只火蝾螈。

产婆蟾

春天的时候，可以观察下这种长着一对漂亮的金黄色眼睛的小蟾蜍，它总是小心翼翼地看着那些黏附在后肢上的一串待孵化的卵：这位“孵卵的父亲”将在三个星期的时间里不再进食，找一个合适的栖身之处，专心致志地注视着它的这些卵，保证它们能在理想的条件下生长。

然后，它会在适宜的时间把这些卵释放到池塘的水中，使它们最终孵化成健康的蝌蚪宝宝。

蝌蚪的变态过程

有两栖动物居住在你的池塘里？那么在春天，你可以观察一下小蝌蚪的生长过程。

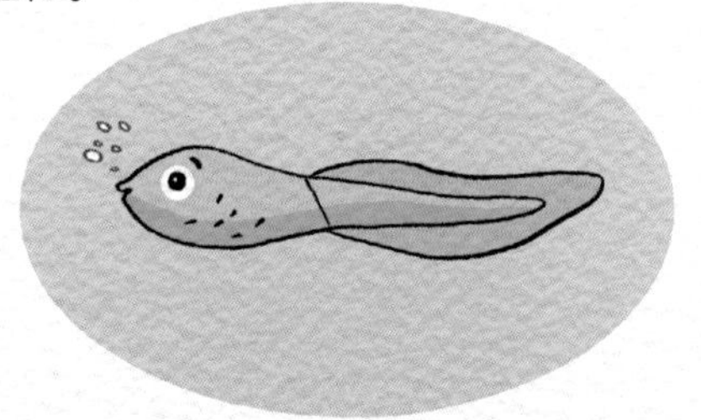

两个星期的时候：蝌蚪仍然靠鳃呼吸，并以水生植物为食。

六个星期的时候：它们已经长出了后腿，同时变成了食肉类动物。你可以适当喂它们一些肉末。

两个月的时候：前腿长了出来，鳃也慢慢变成了肺。它们已经能够到水面上呼吸新鲜空气了。

四个月的时候：蝌蚪已经完全变成了青蛙，并且靠捕食昆虫为生。

关于皮肤那点事儿

如果你在池塘边看到一只通体光滑、拥有碧绿皮肤的两栖动物“扑通”一声跃入水中，那么这是一只青蛙。它总是生活在水畔。

相反，如果你看到一只表皮呈灰色且布满肉瘤的两栖动物笨拙地在路上爬行，毫无疑问，这是一只蟾蜍。它在陆地上生活，只有在繁殖期才会回到水中。

挑战江河激流

初见河流

适者生存

在流水之中，湍急的水流和倾斜的坡度使得各种鱼儿练就了非凡的适应能力。鳟鱼和鲦鱼都是水中的运动健将！符合流体力学原理的流线型身体让它们能够溯流而上捕食猎物。而鳙鱼和花鳅的身体扁平，不太适合在水中游弋，所以它们生活在水底，平时藏身于乱石堆中守株待兔。一旦猎物游过面前，就轻而易举地将它们捕获。

在哪儿能找到鳟鱼

褐鳟常常躲在河岸附近的坑洼处、大桥的桥墩底下或水流湍急且有树荫遮蔽的河堤旁。

要想抓住这些多疑的家伙，你可以试试用红色的小虫当作鱼饵来引它们上钩。

钓鱼去

为什么不从做一根自己的钓竿来开启一段美好的垂钓生涯呢？

首先要准备的是鱼线。取一段3米长的尼龙线(0.1~0.2毫米粗)，在其中一端拴一个软木塞当作鱼漂。

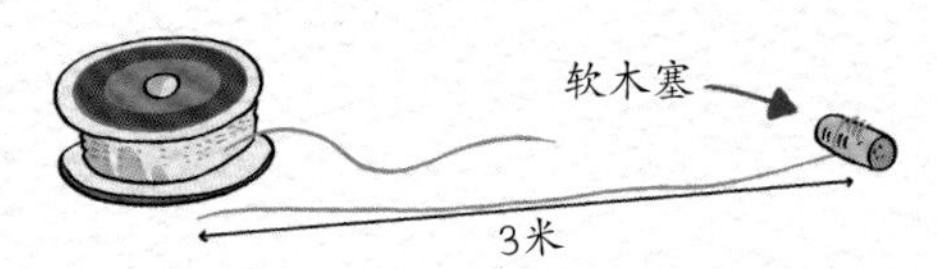

然后要处理的是鱼线最下面的部分(即鱼钩部分)：再取一段50厘米长的尼龙线，在一端系上一个18~20毫米长的鱼钩就好了。

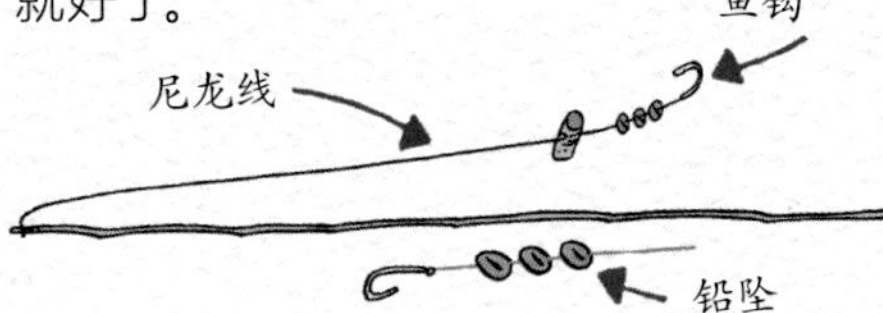

把鱼钩部分和鱼线主体用连环扣打结系在一起，然后再在鱼钩上方拴几个铅坠。

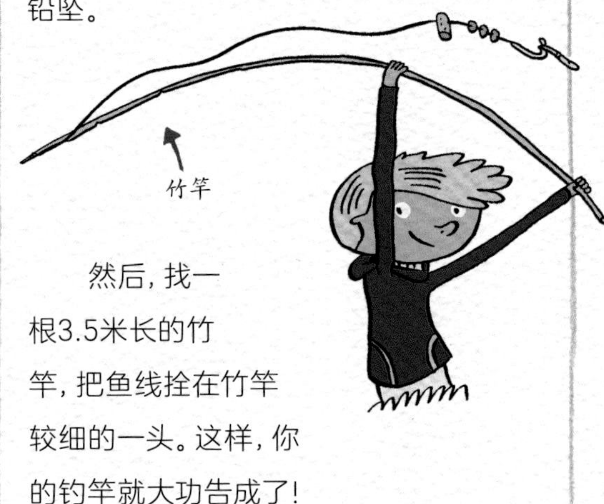

然后，找一根3.5米长的竹竿，把鱼线拴在竹竿较细的一头。这样，你的钓竿就大功告成了！

自制水车

看着流水推动着水车不停转动，是件很有趣的事！

在一块厚的塑料泡沫板上切割出一个半径10厘米的圆轮，然后等距地在圆轮上切出几个5厘米深的切槽。

将一些木条锯成水车的叶片，将它们插到刚才做好的圆轮的切槽里。用毛衣针穿到圆轮中间做轴，两端用软木塞固定住。

找两根丫杈分别固定在溪流的两岸，把水车架在上面。

随着溪水的流动，水车就会跟着转动起来。

如何判断河水的流速

当你在观察一条河时，你会感觉河水有时候流得飞快，而有时候又比蜗牛爬得还慢！那么，不妨试着来测一下河水的流速。将一块木板放到河里，然后以每小时3～4千米的速度顺着水流的方向行进：如果你和木板齐头并进，那说明河水的流速快；如果你走得比木板明显要快，就说明河水的流速慢。

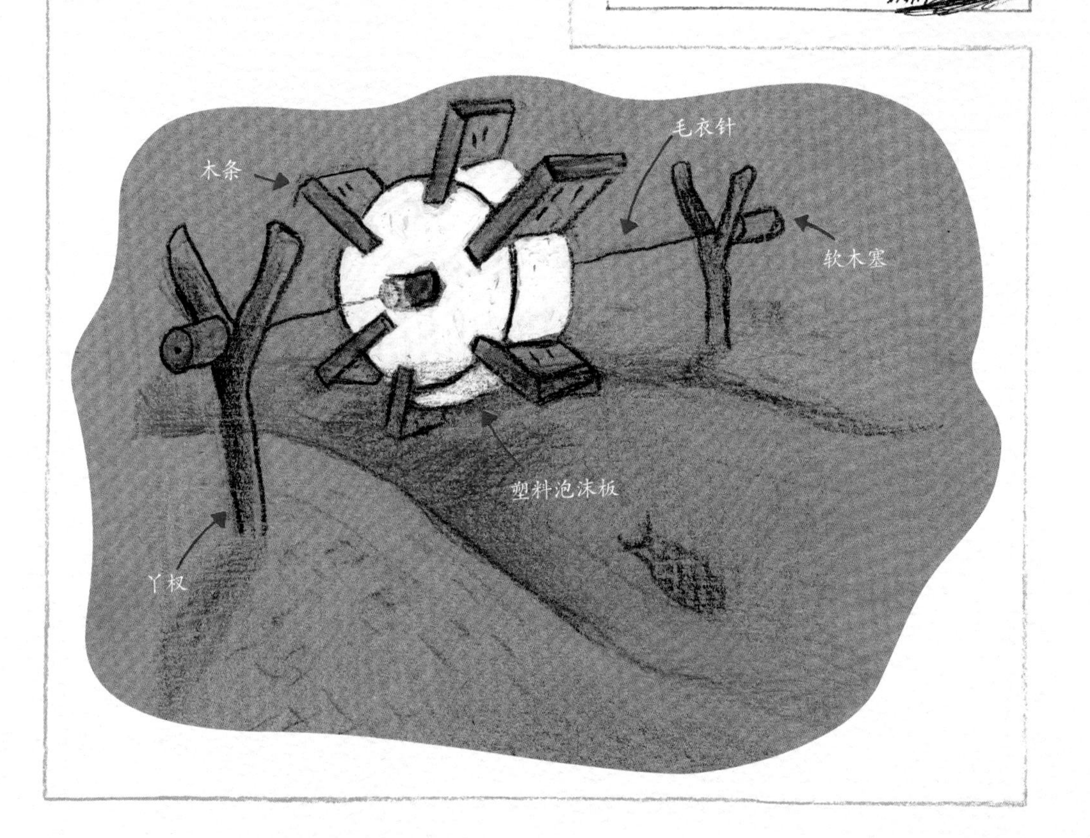

水中的美味

钓螯虾

用木柴捆来钓螯虾，是最好的方法！

用细绳系好一捆长40厘米的木柴，在木柴中间放上些生肉屑。在系着木柴的细绳一端绑上一块石头，用来增加重量；而另一端则与固定在岸边木桩上的长绳相连。将木柴捆浸没在水里静置一个小时。

接下来，你只要猛地把木柴捆拽出水面并甩到河岸上。剩下的，就只是从背后抓住这些螯虾，就这么简单。

河蚌的年龄

数一数这种淡水贝类的贝壳纹：这个数字就是河蚌的年龄。用这个方法，我们发现有些河蚌已经生长了100多年。

开饭啦

请家长动手去掉螯虾的尾鳍，并摘除苦味的黑色沙线（这是螯虾的肠）。用水把它们清洗干净，然后放进锅里，并加入油、盐和胡椒等调料。

当虾壳变成了红色，就可以享用了。再配上香芹和柠檬汁，趁热吃吧。

用抄网探索水下世界

把家用的漏勺和1.5米长的竹竿或扫帚把儿紧绑在一起，做成一把简易的抄网。

用自制的新抄网来捞河岸浅水中的泥沙，你会发现躲在里面的水生动物。

当然，也别忘了掀开河底的石头看一看（然后记得再放回原处）：不少水生动物的卵就经常依附在上面。

“珍贵的珠宝盒”

在河里找到石蛾的幼虫。这些奇怪的小家伙会藏身于“护身盔甲”里，这身盔甲被称为巢壳。小心地把它们从壳中取出来放进鱼缸里，然后在鱼缸中加上一些干树枝、小石子和草秆。一段时间后，这些小家伙就能用你为它们准备的这些材料再做一个全新的巢壳出来。

螯虾的生活

只有在清澈而含氧量高的溪流中才能发现螯虾的身影。

母螯虾怀上小宝宝后，就会藏身于河堤岸边深深的洞穴中。

在5月中旬前后，小螯虾将会破卵而出。它们成长得很快，并时不时地换掉“不合身的衣服”(褪壳)。如果它们有幸逃脱了天敌(如鳗鱼、水獭)的“围剿”以及污染的侵扰，那么当它们长大后，我们就可以捕获它们了！

河堤上的“居民”

穿越大西洋

每年，人们都会在百慕大群岛、马提尼克岛或南美洲发现带有欧洲环标的苍鹭的身影。科学家们认为，它们很可能是在向非洲迁徙的过程中遭遇了风暴，然后被带到了美洲大陆。

涉水过河

在涉水过河时，可以和朋友们一起做个游戏。

每个人每只手各拿一块大石头，在河岸上排好队。然后，大家可以比一比，在手和脚都不进入水里的情况下，谁会第一个到达河对岸。

具体的做法是：先把一块石头放到水里，并站到上面；然后把第二块石头放到前面一点的水里，再走到上面；接着回身从水里捡起第一块石头，并把它放在更前面一点的水里。这样循环下去，直到抵达对岸为止。但注意不要去水流湍急或水很深的河流哦！

动物粪便小百科

林鼬

水鼠

欧洲水貂

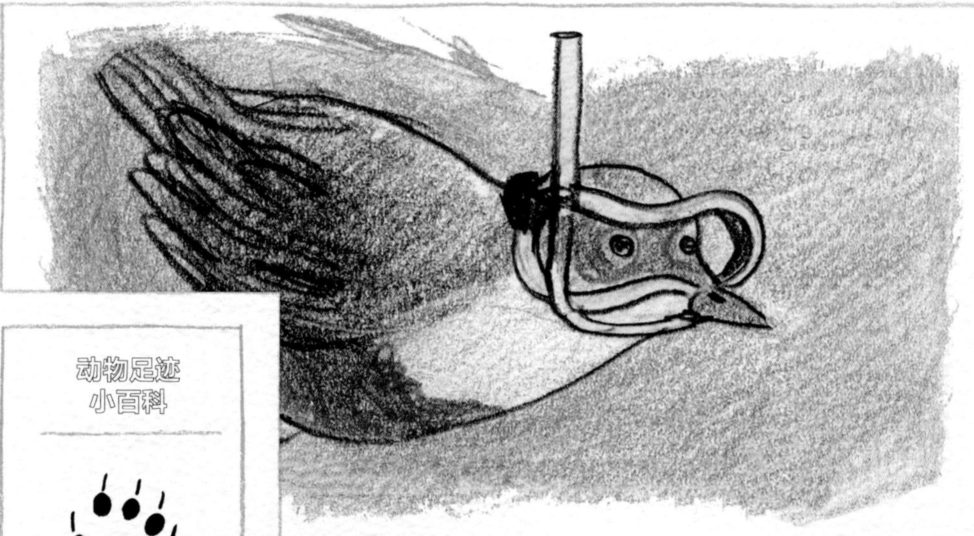

动物足迹小百科

林鼬

水鼠

欧洲水貂

苍鹭

鸭子

令人惊讶的鸟儿

躲在河岸边来观察河乌：它们看上去就像一只只喉部雪白的乌鸫在水面上飞。

快看！它们竟然会潜水、游泳和在水底行走！而且，它们还是出色的猎手：逆着水流俯下身体，翻开水底的卵石，吞食昆虫的幼虫、小虾、小蟹或软体动物。

凭借那一身防水性能极佳的羽毛，它们能在水下潜伏……数数看！1、2、3……竟然是16秒！

你会经常看到它们用从尾部腺体分泌出来的油脂来涂抹身上的羽毛，以提高防水性能。

追寻蛛丝马迹

要想发现生活在河边的小动物们的踪迹，得选择退潮的时候。在露出来的河滩上，清晰可见的“脚印”会告诉你，鸭子、河狸和水獭都生活在哪里。然后，你就可以选择最佳地点来观察它们的起居生活了。

请大树来帮忙

别致的天然艺术品

你只需要：

* 在1月摘取4根有柔韧性的长柳枝（在水里浸泡10天）

如何用柳条编出漂亮的托盘？

1.先取三根柳条从中间截断分成两组，交叉放好作为底托。

2.再拿一根柳条(图中白色所示)用上下缠绕的方式将前面那两组柳条的中间扎在一起，并且缠绕两圈。

3.将所有柳条的头儿都稍微分开一些距离，规律地排列成放射状，然后用白色示意的那根柳条上下交替穿过每根柳条，一圈圈反复缠绕，直到托盘达到你预期的形状。接下来要做的，就是剪掉多余的柳条。

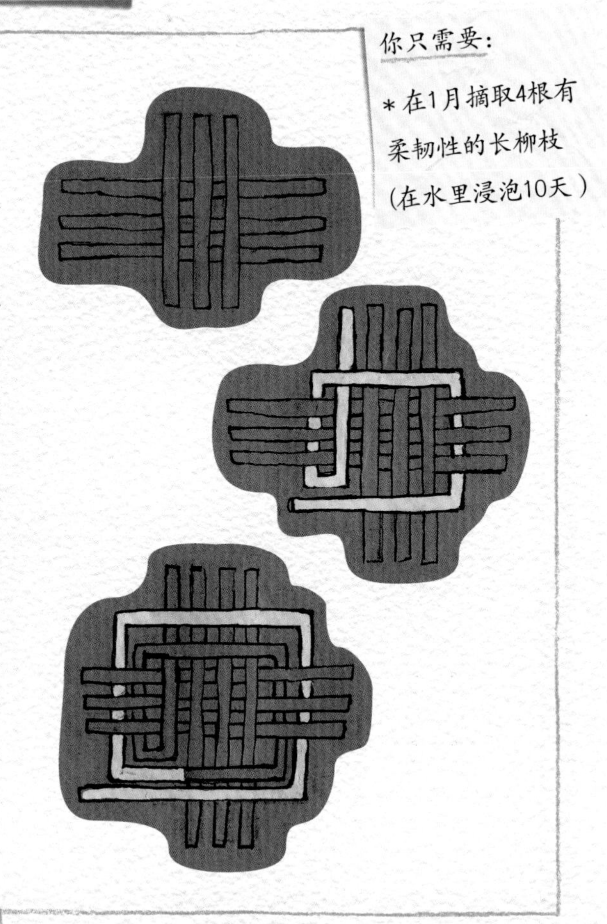

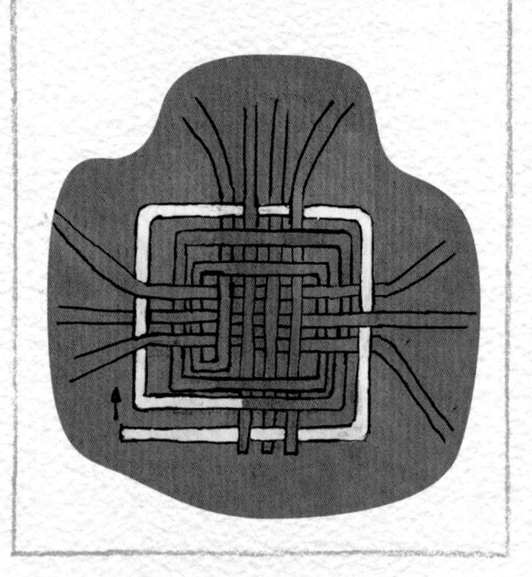

白蜡树的魔力

在春天的时候，从足够粗壮的白蜡树枝条上剥取一些树皮，放在凉爽干燥的地方风干。

在1升水中加入16～60克的干树皮，煮沸5分钟。

这样，一份有退烧功效的饮料就做好啦！

防治跳蚤

在高温天气之后，房间里容易出现扰人的跳蚤。

不要慌！

在清晨采摘一些带有露水的新鲜桤木树叶，并将它们随意撒在房间里，这些小害虫就会聚集到树叶上，然后你就能很轻松地把它们消灭掉啦。

桤木圈

当我们去观察一棵一年前被砍断的桤木树墩时，会发现在树桩周围长出了一圈新枝，树体本身也显得生机勃勃。

25年过后，这些新枝将会长成成熟的桤木，然后它们也会被砍伐用作他途。

接下来，前面描述的生长过程就又会重新开始：在每棵树桩向阳的一面又会长出一圈新枝，然后慢慢长大。

植物学家就曾发现了一棵周长7米的桤木树桩，在它周围矗立着11棵24米高的桤木。

自制汽水

用接骨木的花可以调配出美味的柠檬汽水。

将适量的冷水、糖、苹果醋和柠檬片混合在一起，再放入接骨木的花，然后在太阳下放置四天。

将得到的液体过滤后，倒入装有苏打水的瓶中并拧紧盖子（注意不要倒得太满）。再耐心等待三周的时间就可以品尝啦。

注意，请将瓶子放在阴凉处，以免瓶中的汽水“爆”出来。

（编辑注：请注意，过多的糖对健康不利，制作过程中需要防止细菌滋生，如饮料变质则不要饮用。）

你需要准备：

*4串接骨木花
*8升冷水
*100毫升苹果醋
*800克糖
*两只柠檬

水獭与河狸

现代化的茅草屋

虽然河狸的窝外观看起来只是一个用树枝和泥土混合建成的圆丘，但其实它们非常讲究：河狸把窝的入口开在水面之下，而房间却建在高出水面的干燥处。这小小的茅草屋完美地体现了生物气候学原理：即使外面的温度达到零下36℃，屋里的温度仍然保持着零上2℃的水平。室内外温差竟然有38℃之多，相当可观，不是吗？

河狸坝的纪录

超过500米长，宽度接近国道，差不多有两层楼那么高。

这是世界上最长的河狸坝，位于美国的杰斐逊河。

（编辑注：在2010年，科学家们在加拿大伍德布法罗国家公园发现了一个更大的河狸坝，竟有850米长！）

像河狸那样建一座坝

建造一座真正的河狸坝：坚固而实用！

先在小河的河床上插满分叉的粗树枝，并使树枝分叉向与河水流动相反的方向倾斜。

将小树枝相互交错地叠置在上面，使它们能卡在底层粗树枝的分叉中。用草、树叶、泥沙和碎石块把所有的窟窿堵住，最后再用泥浆把大坝的外壁涂匀。

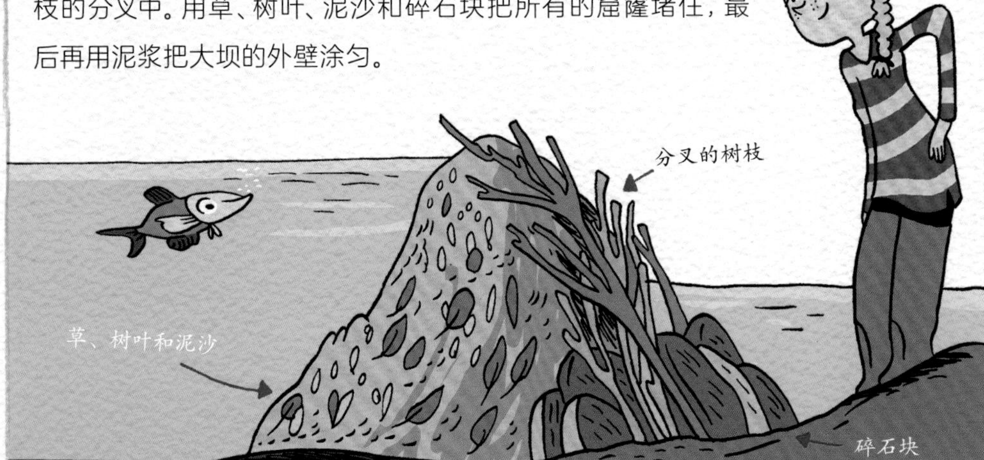

水獭在哪儿

当水獭静静地游在水面上时，你可以对它进行观察：你会发现，它只将眼睛露出水面，这是因为它的眼睛长在头顶的位置。这样，它就可以在不引人注意的情况下对周围进行观察。这与鳄鱼和河马有点儿相似。

当它需要潜水时怎么办？简单！一旦潜入水下，它的鼻孔和耳朵就会自动关闭起来，这样水就进不去啦。

“狡兔三窟”

在法国中央高原或西部地区，可以在靠近水的地方找到水獭的身影。

流线型的身体和带蹼的脚掌使它们能够完美地适应水中的生活，而浓密的皮毛能让它们远离寒冷的侵扰。

水獭的窝真可谓“狡兔三窟”，一般都有两个洞口：一个在水下，另一个非常隐蔽，就好像一条简单的通风道。

河狸？在哪儿呢

在6月或7月的某个黄昏前，找到河狸为调节河水水位而筑造的堤坝和它们居住的窝，在正对河狸窝的地方选好位置。

拿上双筒望远镜，一动不动地守在那里，等待小河狸们出来探险的那一刻。

河狸

水獭

不用鱼竿钓鱼大赛

捕鱼篓

想自己动手抓鱼来做一顿美味的炸鱼吗?

拿一个没有盖子的空塑料瓶，剪掉上边的三分之一，然后把剪下来的部分倒转过来，重新安回瓶体。

再将另外三个空塑料瓶也用同样的方法进行处理。然后用细铁丝在每个瓶子上缠绕两圈，再用结实的细绳拴在铁丝圈上。

在瓶内放进鱼饵，并放进几块碎石。把自制的捕鱼篓沉入水下，并时不时地拽上来看看，一定会有收获的。

“淡水海盗”

身体修长，靠近尾部的位置有庞大的鳍，这就是河流中的捕食者——白斑狗鱼。它张开嘴，便露出那一口令人印象深刻的牙齿：共有700颗！

白斑狗鱼可以算得上是位伪装专家。它们布满全身的斑纹犹如天然的迷彩服，使它们可以冒充水生植物，而身上的颜色也会根据所隐藏的环境不同而在绿色和褐色之间变换。

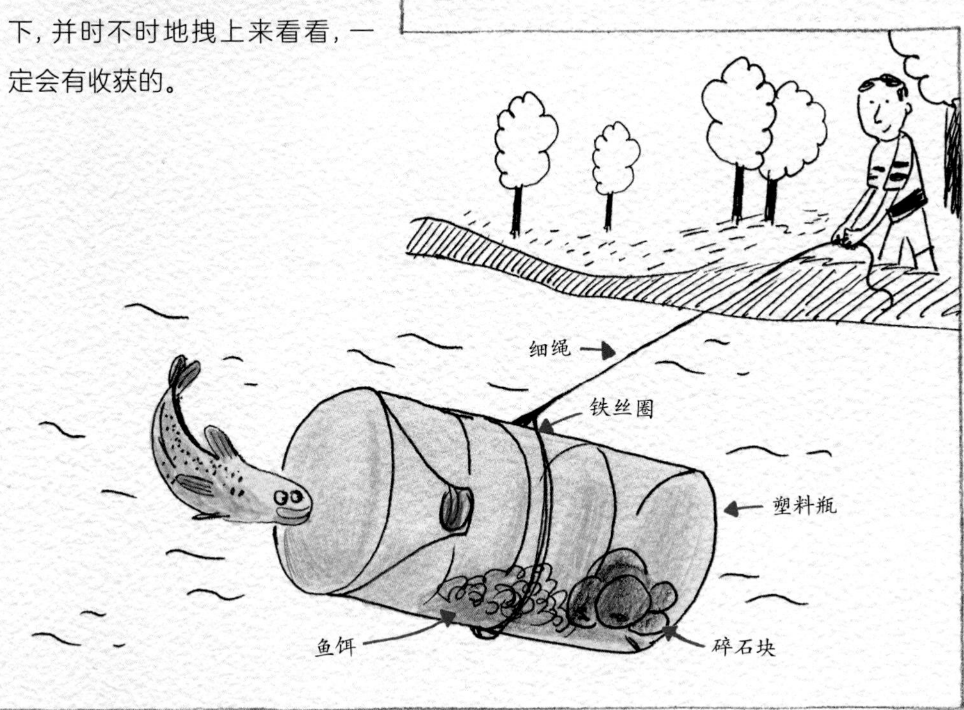

不用鱼竿也能钓鱼？简单

用一根可以缠绕后装进口袋的鱼线就可以钓鱼。

在河岸边插一根分叉的树枝，然后用细绳在分叉处固定一个铁环，将挂好鱼饵的鱼钩系在鱼线上沉入水中，再把鱼线的另一端从铁环中穿出，用拇指和食指捏住鱼线，以便在鱼儿上钩的时候能够清楚地感觉到鱼线的振动。

要等到确定鱼儿咬住了鱼钩再收线，这样你的第一次不用鱼竿钓鱼的经历就成功了！

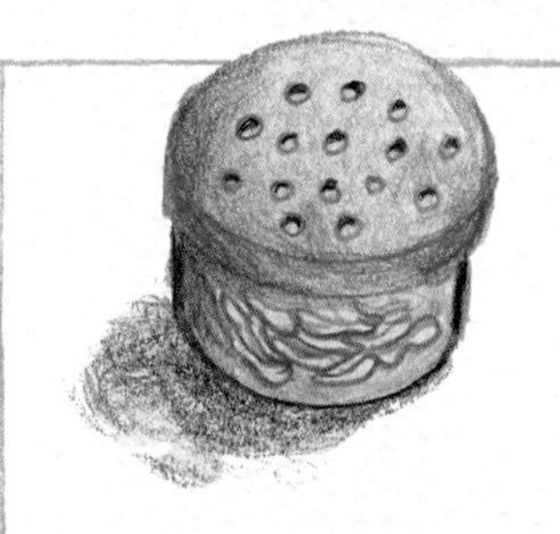

培养蛆虫当鱼饵

在钓鱼之前，要先准备好足够的鱼饵。要怎么做呢？在夏天，将一些肉放到一个空的奶酪盒里。

保持打开盖子的状态，浓郁的味道会吸引苍蝇飞来产卵，等过一些日子，用来做鱼饵的幼虫就孵化出来了。在盒盖上钻几个孔，再把盒子盖紧保存。

不过，这些鱼饵得尽快使用，因为它们很快就会变成苍蝇！

白斑狗鱼的年龄

用高倍放大镜来观察白斑狗鱼的鳞片：上面的纹路与树的年轮很相似！

冬天的时候，鳞片上的纹路比较靠近，因为白斑狗鱼在这段时间几乎断食，使得鳞片上生成暗纹。数一数暗纹的数量，你就知道它的年龄啦！

那些洄游的鱼

相互交叉的命运

鳗鱼的卵在马尾藻海（北大西洋的一片海域，因海面漂浮大量马尾藻而得名）孵化，幼鱼会被墨西哥湾暖流带到欧洲，然后游入河流之中生活。而鲑鱼却是出生在欧洲的河流中，然后在大西洋中长大。

当繁殖季节来临，鳗鱼会游回马尾藻海，而鲑鱼也会回到它出生的河流。它们都会在产卵后死去。

网络直播

你想看鲑鱼洄游到河里的场景吗？在春天的时候登录法国国家野生鲑鱼博物馆的网站(www.saumon-sauvage.org)，你便可以了解到每天游经卢瓦尔河地区的鲑鱼数量。

同时，借助于网站上的网络摄像机，你也可以看到鲑鱼为了洄游产卵所付出的艰苦努力。

鱼梯

看！像不像楼梯？只不过每一级阶梯都是由相连的水池组成的。

它能帮助洄游性鱼类更好地适应河流中的水坝或瀑布等因为落差而造成的障碍。

你只需要：

* 几片三文鱼
* 葵花籽油
* 香醋
* 芥末酱
* 一个鸡蛋
* 盐和胡椒

三文鱼配蛋黄酱

成功搞定这道特色美食！

将适量蛋黄和一汤匙芥末酱倒入碗中，然后一边倒入少许食用油，一边用打蛋器不停搅拌。倒入四分之一升的油之后，加入盐、胡椒和少量的醋，然后继续搅拌。

最后，将三文鱼薄片在锅中煎熟，再配上做好的蛋黄酱佐味，就可以端上餐桌啦！

有关鳗鱼和鲑鱼的纪录

为了从欧洲的河流中返回马尾藻海产卵，鳗鱼需要游6 000千米的距离。

而大西洋鲑要从格陵兰岛回到欧洲水域产卵，也同样要游6 000千米左右。

水陆两栖的鳗鱼

在秋末时节，你突然看到一条一米多长的“蛇”钻进了潮湿的草丛。别怕，你的父母会告诉你那其实是一条鱼，一条鳗鱼。但是，鱼怎么可能离开水呢？

这是因为鳗鱼有四分之三的呼吸是靠皮肤来完成的，只有四分之一的呼吸需要用到鳃。这足以让它离开水生存好几个小时。

救救被污染的河流

为河流做大扫除

这是一项大工程，需要良好的组织以及团队(自然俱乐部、自然保护者、垂钓者等)的帮助。

先要对需要清理的区域进行勘察，确定需要处理的垃圾数量。

征求相关政府部门的许可，同时也请求他们协助负责垃圾的清运。

对河流的清理要从上游向下游进行，提前准备好手套、结实的垃圾袋和急救箱。

要将清理过程进行总结，并连同照片一起发给政府相关人员及媒体。

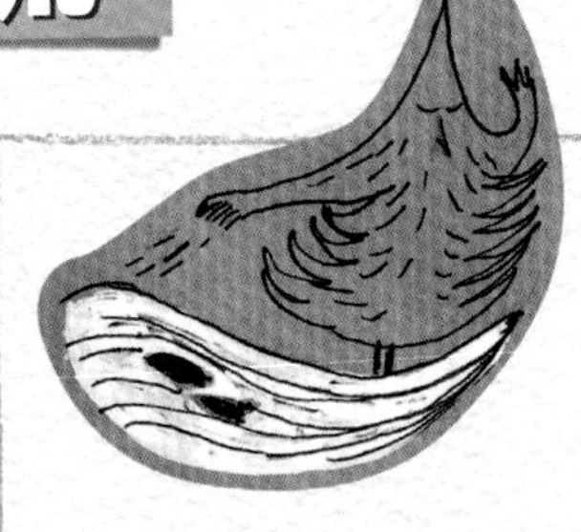

云杉就是凶手

你知道吗，几十克的云杉针叶和1升水混合在一起，就足以杀光一夜之间游经此处的所有鲦鱼。

只用几年的光景，河畔的云杉就足以使河水酸化到几乎再没有生命能在这片水域中存活。

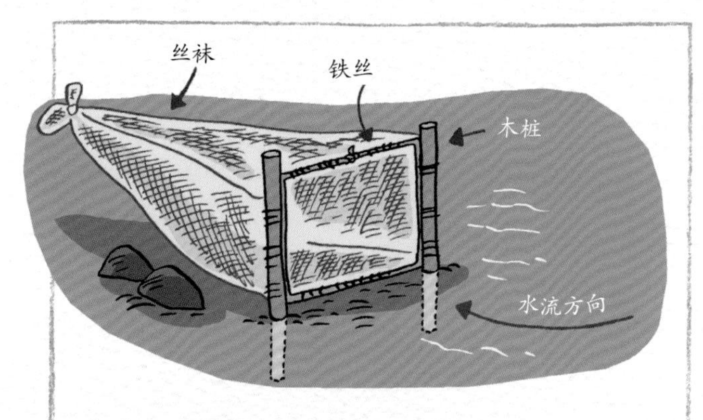

专门采集水生小动物的网

想要一个用来捕捉水生小动物的采集网吗？我们自己就可以做一个！

用结实的铁丝做一个40×20厘米的框，将一条大码的旧丝袜缝在铁丝框上，渔网的主体就完成了。

然后，我们来为渔网安两条“腿”。具体方法是：将两根40厘米长的木桩笔直插入河底的泥沙中，两根木桩间隔40厘米。用细绳把铁丝框和木桩系牢，让网口朝着水流方向。

翻动上游方向的河底石块，将小动物们赶进网里去。

测试水质

检查一下河流的水体、河床以及藏在河底碎石块中的生物：如果水体清澈，河床干净，并且你能在河底看到石蛾、石蝇或蜉蝣的幼虫，那么河水是洁净的；如果水体浑浊，河底石块变得光滑，而且你能在水中看到摇蚊的幼虫、颤蚓或水蛭，那么河水已经被污染啦。

清点动物种群

通过用采集网打捞上来的动物样本来评估河流中动物种群的多样性。

把这些动物样本按类别放在不同的盖子上：长得相似的放在一起，长得不一样的则分开放置。

数一下动物样本的总数(A)和用来盛放动物样本的盖子总数(B)。用B除以A，可以得到一个系数：当系数接近1时，说明河中的动物种群丰富；如果系数接近0，则说明动物种群不够多样化。

向海洋问好

海上的风从哪儿来？

给海风评个级

你听说过蒲福风级吗？

当然听过了！正是因为有了它的存在，我们才能够更好地判断海上的风力大小：因为海风越大，海浪就越汹涌。这是英国海军上将弗朗西斯·蒲福在1806年提出的理论，因此就用了他的名字来命名。

0~1级：海风的风速小于1节，平和静谧的大海。

2~3级：风速大概在4~6节之间，美丽壮观的大海。浪高在0.1~0.5米之间。

4级：风速在11~16节之间，略显躁动的大海。浪高在0.5~1.25米之间。

5~6级：风速在17~21节之间，浪潮攒动的大海。浪高在1.25~2.5米之间。

7~8级：风速在28~33节之间，波浪翻腾的大海。浪高在2.5~4米之间。

9级：风速在41~47节之间，波涛汹涌的大海。浪高在6~9米之间。

10~11级：风速在48~55节之间，风浪强劲的大海。浪高在9~14米之间。

12级：风速大于64节，惊涛骇浪的大海。浪高超过14米。

1节(航速单位)=1852米/小时

聪明的食指

如果周围没有飘扬在风中的东西做参照物，要如何来判断风向呢？用唾液沾湿食指，然后把食指竖起来：食指的哪一侧感到冷了，就说明风是从哪个方向吹过来的。

关于风的纪录

在2010年，世界气象组织认定了一项关于最大风力的纪录：1996年4月10日，在澳大利亚的巴罗岛上，阵风风速曾达到每小时408千米。

风从何方来

做一个风标，一测便知。

拿一个玻璃瓶，在里面装上半瓶沙子，然后用软木塞子把它盖严。取一根塑料吸管，在其中一端剪开一个切口，插入一块三角形的硬纸板，做成一个箭头形风标。

用一枚大头钉在箭头形风标的重心位置钻孔，并把它固定在软木塞上。

当起风的时候，风标便会跟着旋转起来。当它停下来，箭头所指向的方向便是刚刚那阵风吹来的方向。

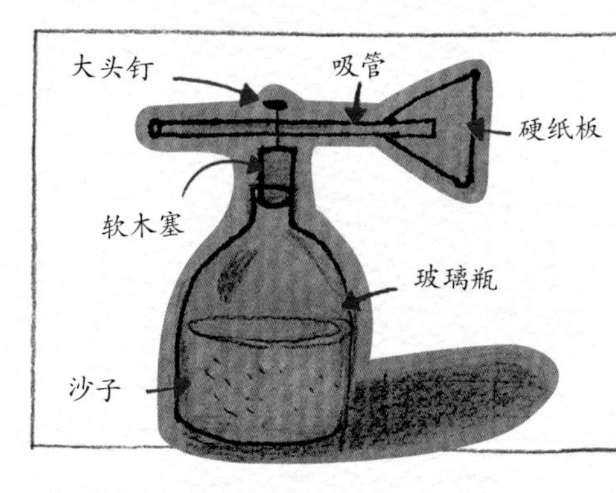

起风了

想测量风向和风力？可以做一个简易风向袋！

将一根40厘米长的铁丝弯成一个圆，然后把铁丝的两端用胶带粘在一起。

拿一只尼龙袜，将袜子开口一端卷在铁丝圈上，然后用别针别好。

找一根两米长的竹竿和三根40厘米长的鱼线，分别将三根鱼线一头系在铁丝圈上，另一头系在竹竿的顶端。最后，把做好的风向袋插在地上。

起风的时候，风向袋便会充气膨胀并飘浮起来。如果它垂向地面，说明风力很弱；如果它绷紧并和地面平行，那么风力很强。风向袋开口的方向就是风吹来的方向。

水的旅程

为什么会出现潮汐

你有没有注意到，海水每一天会出现两次涨潮和落潮的现象。

这一现象的产生源于地球的自转和月亮的引力，它们使得地球两侧的海平面上会分别出现一个凸起的大水泡：一个正对着月亮(即近月点)，另一个则正好在它的背面(即远月点)。

地球每自转一圈，地球上的海水都会经过凸起处两次，于是我们便看到了一天中的两次潮起潮落。

积云是平的吗

天气好的时候，太阳使地球表面升温，并使液态的水蒸发。

这些水蒸气最开始是肉眼看不到的，但随着它不断升高，便会遇冷凝结，于是就变成了能够被看见的积云。积云的底部通常是平的，这是因为水蒸气开始凝结的海拔高度是固定的。但是，其余水蒸气还会继续向上攀升，所以积云的顶部会出现菜花的形状。

海平线很遥远吗

这取决于你所处的高度。如果坐在沙滩上，你可以看到3千米远的地方。如果站起来，你可以看到5千米远的地方。如果站在一个10米高的沙丘上，那么你能看到11千米远的地方！

出门穿沙滩短裤还是需要带雨伞

这些征兆预示着好天气：

- 傍晚的天空是玫瑰色的
- 海鸥三五成群地飞向大海
- 清晨的露水很重
- 松果的果壳是干燥的，鳞片也支棱着

这些征兆预示着坏天气：

- 清晨的天空是红色的
- 海鸥在空中集结，并飞向陆地
- 蜗牛和鼻涕虫从它们的巢穴中出来活动
- 蒲公英的花朵在白天是闭合在一起的
- 燕子飞得很低

饮用海水

当然可以！不过要先做淡化处理才行。

将海水(或者含盐量很高的水)倒入一个玻璃的沙拉碗里，再将一个干净的空玻璃杯放在沙拉碗的正中间。用一张食品保鲜膜盖在沙拉碗上并用橡皮筋绷紧，在保鲜膜上放一个小石子，使它正对着玻璃杯的位置，但不要让保鲜膜接触到杯子。把这个淡化水装置放到太阳下。

在太阳的照射下，海水开始蒸发，然后在保鲜膜上凝结，并顺着坡度流到玻璃杯中。至于海水中的盐分，它却不会蒸发，所以被留在了沙拉碗里。这样你就可以喝掉杯子里的水，同时还能回收碗底的盐！

沙的魔法

留住沙丘

欧洲沙苇是一种可以生长在沙丘上的植物。当遭遇风暴的时候，它暴露在地面之上的枝叶会破损甚至死去，但埋在地下的部分仍会继续生长。

一旦条件适宜，它又会长出新的枝叶。

这种植物的根会连成一片，能起到稳固沙层的作用，这也解释了人们为什么会选择它来阻止沙丘的移动。

沙丘的纪录

法国的比拉沙丘是欧洲最大的沙丘：到2022年，它大约高102米，长2.7千米，宽500米！

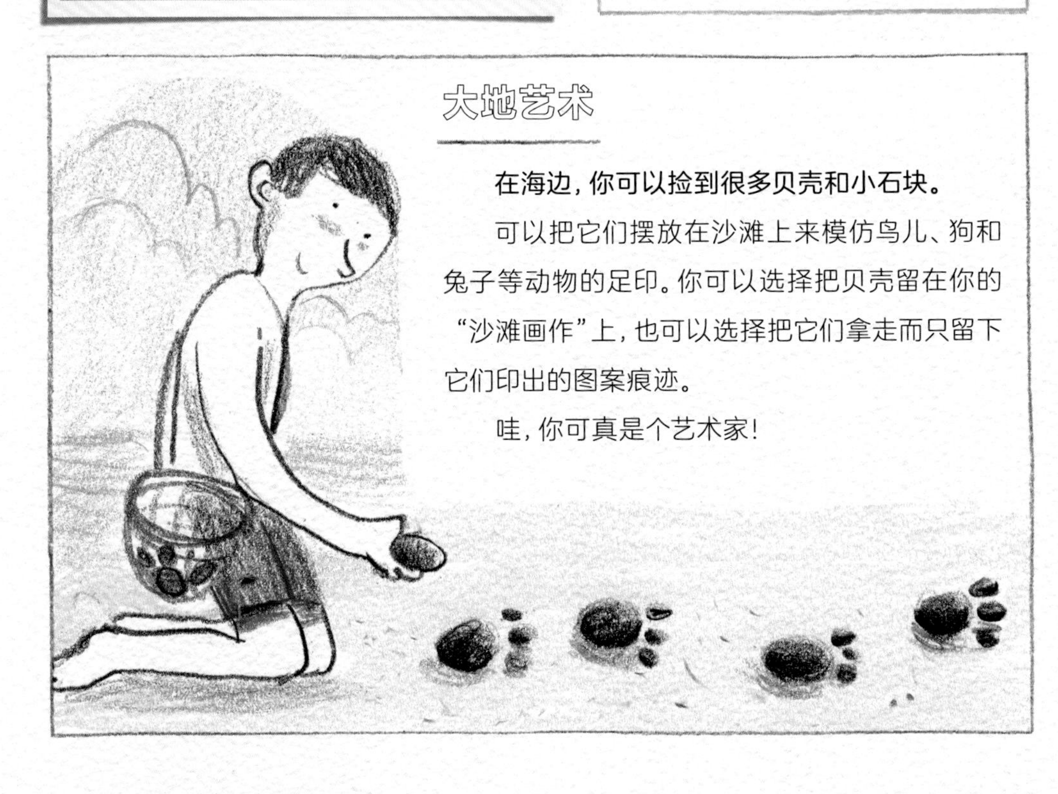

大地艺术

在海边，你可以捡到很多贝壳和小石块。

可以把它们摆放在沙滩上来模仿鸟儿、狗和兔子等动物的足印。你可以选择把贝壳留在你的“沙滩画作”上，也可以选择把它们拿走而只留下它们印出的图案痕迹。

哇，你可真是个艺术家！

彩色的画作

只需要一张纸和一些彩色的沙，你就可以成为一位真正的艺术家！

在一张纸上，先用铅笔描出你的画作中的各个部分：大海、天空、海鸥、船只……

然后选择你需要的颜色，例如代表海水的绿色，代表天空的蓝色……

把沙子和没有经过稀释的水彩颜料一起倒进小罐里，给沙子染色。

用一把叉子不停搅动，直到沙子已经完全上色而且沙粒都散开为止。

把染好颜色的沙子晾干，然后用同样的方法来做出其他颜色的沙子。

接着，在你画作的相应部分上涂胶，然后把彩色的沙子倒在上面。等待画作晾干后，把纸竖起来，让上面多余的沙子掉下来。

陷阱

在干燥的沙地上，你会看到有很多像漏斗一样的小洞。这是蚁狮（蚁蛉幼虫）布下的陷阱，而它们就藏在沙子下面……如果一只蚂蚁不幸掉入其中，蚁狮便会向它身上喷射沙子，使它无法爬上去，最终成为蚁狮的盘中餐！

一座新的沙丘

沙粒会被风带到很远的地方。一旦它们在途中遇到了障碍物，便会落到地面并积聚起来。一些植物会在这里扎根，同时让沙堆的体积不断变大。渐渐地，一个障碍物就会变成一座新的沙丘。

当海水落潮时

当心，危险

千万不要往海里丢垃圾！因为它们需要很长时间才会被完全降解：一个铁盒需要100年的时间，一个铝盒则需要250年，一个塑料瓶甚至可能需要450年！在地中海，人们曾经在1平方千米的面积上发现了2 000件漂浮的垃圾！

听海

拿一个贝壳扣在耳畔，你听到海浪的声音了吗？

其实，贝壳是个“聚音装置”，它能起到把声音放大的效果：你听到的只是血液在你的血管中流动的声音，被放大后就有点儿像大海的声音了……

盛在贝壳中的糖果

为美食家们准备的菜单！

首先把毛蛤的贝壳清洗干净。

然后把20块方糖与一碗凉水倒进锅里，再加上一点儿蜂蜜一并加热。熬制过程中不断搅拌，直到熬成焦糖为止。当锅里的焦糖变成褐色时，把它倒进洗净的贝壳里。等到完全冷却后，你就可以享用了。

重要角色

海水退潮时，随着贝壳和海藻一起被冲到海岸上的还有很多植物的种子。这些种子会在沙滩上生根发芽，从而帮助沙丘形成。而沙丘又为包括沙蚤在内的很多小动物提供了栖息地，这些小动物又成为鸟儿们的美餐。

追踪财宝

海水退潮时会把大量的动植物残余物留在海滩上。

你发现了一块曾漂浮在海面上的破损船板？那可能是船蛆的杰作。那是一种长得像虫子的软体动物。你还可以试着辨认出鸬鹚或海鸥的羽毛、乌贼的骨头、鳐鱼的空卵囊、螃蟹的背甲和各种海藻……

你还可以仔细观察一下沙蚤，这些小的甲壳类动物专门以海潮所留下的残余物为食。而当海水退潮时，它们会钻到沙子下面。

假日的纪念品

如果你在海边捡了很多贝壳，有没有想过把它们变成艺术品？拿一张白纸，把一些贝壳扣在上边，用笔描出它们的轮廓，然后把这些各式各样的造型涂成不同的颜色。

你也可以选一张厚纸(彩色的或者白纸都可以)，然后用贝壳在纸上组合出特别的图案并粘起来：例如一朵花儿、一只小动物……

在礁石间漫步

“跳蟹”

为一个木塞插上两条“腿”当作“螃蟹”，在木塞的后面插一根柔软的羽毛，然后把它放在沙滩上：当有风的时候，羽毛就变成了风帆，而“螃蟹”就跳起来了。

辨认海藻

在海滩上和海水中，你能看到各种各样的海藻。

浒苔：一种长在礁石上的绿藻。

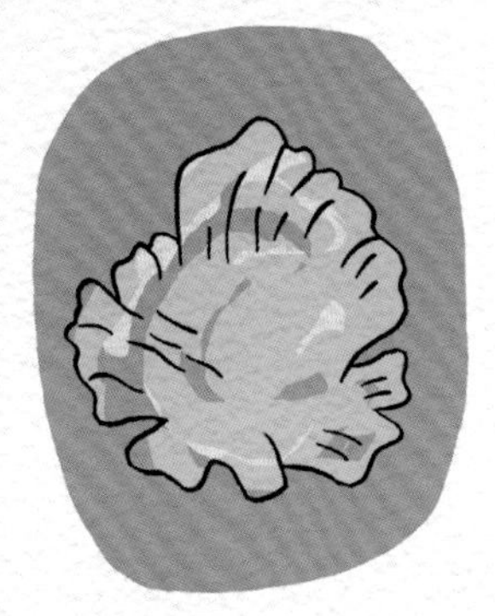

石莼：叶片形似生菜，叶边缘不规则的海藻。

海条藻：根部为碗状，上面伸展出长条形叶片的海藻。

糖海带：晾干之后表面上会覆盖一层略有甜味的粉末的带状海藻。

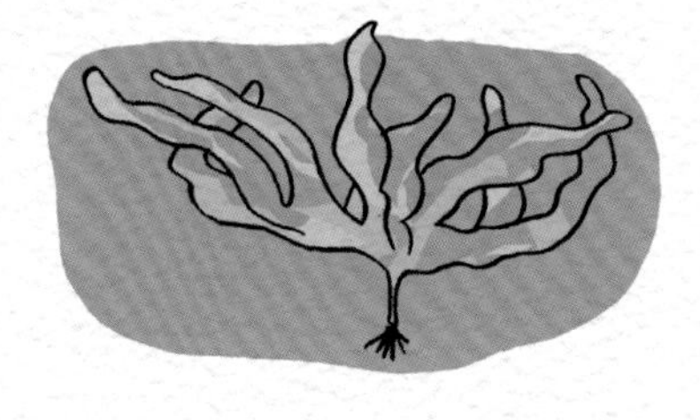

海带：长度能达到好几米的绿色带状海藻。

海中“刺客”

你见过海胆吗？这是生活在地中海和太平洋浅水区域的一种长有棘刺的球状生物。

这种奇怪的生物会利用身下的棘刺像踩高跷那样将身体撑起并移动。

科学家仔细研究后认为：海胆是海洋周围污染指数的绝佳指示器。而美食家则更愿意把它们当作盘中餐：它的浓郁味道对于爱好者来说是名副其实的享受。

海星

你发现一只海星断了一条触手？别担心：断掉的触手会在一个月左右的时间内重新长出来。甚至有些海星被一分为二之后还会慢慢长成两只完整的新个体。

用贝壳做的玩具

只需用捡来的贝壳和一管胶，你就可以做出各种人和动物的造型。

要做一个贝壳娃娃，要先从脚下开始。先用贻贝粘出一袭长裙，然后用两个毛蛤的贝壳拼接在一起，形成躯干，接着做出手臂和脑袋，最后用小个的海螺来做头发。

有关贝壳的纪录

世界上最大的贝壳是大砗磲，它们生活在印度洋里。大砗磲的贝壳宽度可达两米，重量可达300千克。

一起去赶海

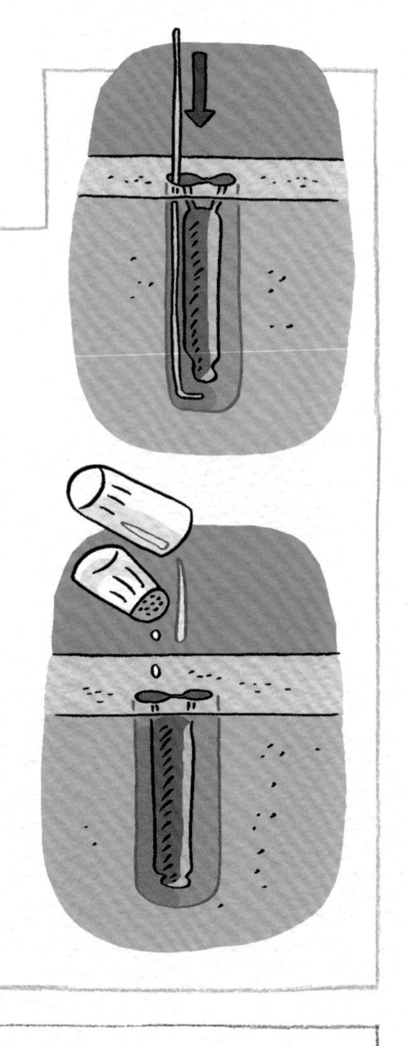

“钓”竹蛏

你是否在沙滩上看到两个连在一起的形状好像锁眼的小孔？那是你恰巧发现了一只竹蛏藏在沙子下边。

拿一根60厘米长的铁丝，把其中一端弯出一个1厘米左右的“L”形钩，然后把它沿着小孔的内壁探到沙子下面。当你感觉铁丝遇到阻碍时，转动铁丝顶端的小钩，然后把它提起来，这样你就抓到了一只竹蛏。

当然你也可以使用另一个技巧：在两个小孔里分别撒入两粒盐和少许的水，然后耐心等待20秒左右的时间。竹蛏会误以为海水涨潮了，便会自动爬上来。等它一露头，就赶紧抓住它。

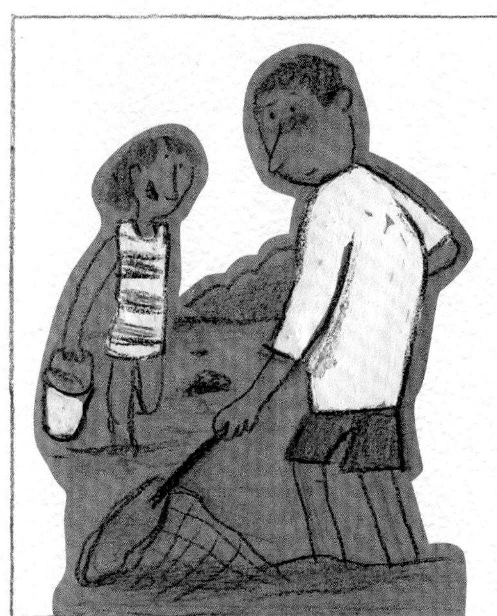

捕鱼的规矩

在去捕鱼之前，你应该先向当地的海洋事务办公室询问情况，了解当地的渔业法规、允许捕捞的贝类和虾蟹的种类和数量，以及可以使用的工具等信息。

也别忘记向当地政府部门核实是否有相关的卫生保障措施，以保证你的捕捞成果是安全卫生的，避免疾病传播。

烹制毛蛤

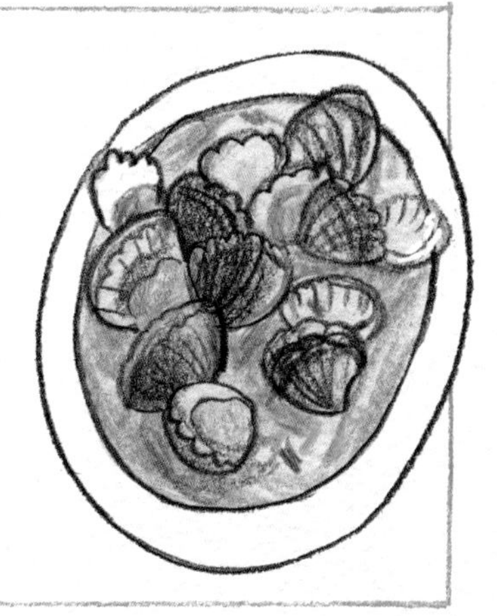

是时候享用你的捕捞成果了！把毛蛤在海水中泡两小时，它会把体内的泥沙都吐出来。把它从贝壳中取出来，然后用水多清洗几次。把洗净的蛤肉放到锅中，加上黄油、香芹末和干面包屑一起烹制。

你也可以按照烤贻贝的方式来进行烹制——将它们配上香芹末和黄油一起放到烤箱里烤熟。

“隐居者”

在海边抓一捧沙子倒在一个筛子上，然后将筛子放在水里慢慢搅动。等沙子漏下去后，你会惊奇地发现那些藏在沙中的小动物们的身影。

用勺子还是耙子

毛蛤是一种生活在水边泥沙下的小型贝类。你很容易就能找到并捕捉它们！

你可以选择两种截然不同的方法。

首先要找到这些毛蛤：如果你在沙面上看到两个并排的小孔，且小孔之间相距1厘米左右，那么这下面就是毛蛤。用一把汤匙挖开沙土，徒手就可以抓到它们了。

你也可以用耙子在沙面上耙来耙去，把那些藏在附近沙土底下的毛蛤都翻腾上来，然后把它们划拉到一起……最后统统放进你的背篓里。

海洋大寻宝

生活在海底的鱼

这些鱼都对海底的环境有着完美的适应性。

例如鲽鱼，当它趴在海底时，皮肤就会吸收周围的光线，使自己和环境融为一体。

鳐鱼拥有一条长刺的长尾巴，而它的亲戚电鳐一次能释放出高达200伏的电量。它们俩都能让自己隐藏在海底的沙子当中。

是公是母

当你抓住一只螃蟹时，它正挥舞着张开的螯足，那么这肯定是一只公蟹。相反，如果它的螯足是弯起来的，好像在保护它的卵，那这很可能是一只母蟹。

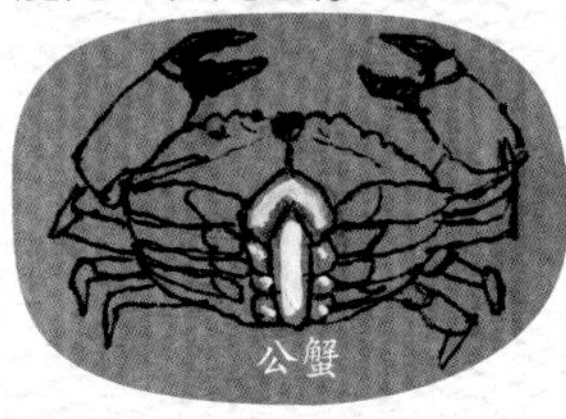
公蟹

把螃蟹翻过来再看看：如果它的腹部又窄又尖，那么这是一只公蟹。如果它的腹部又宽又圆，那么这是一只母蟹。

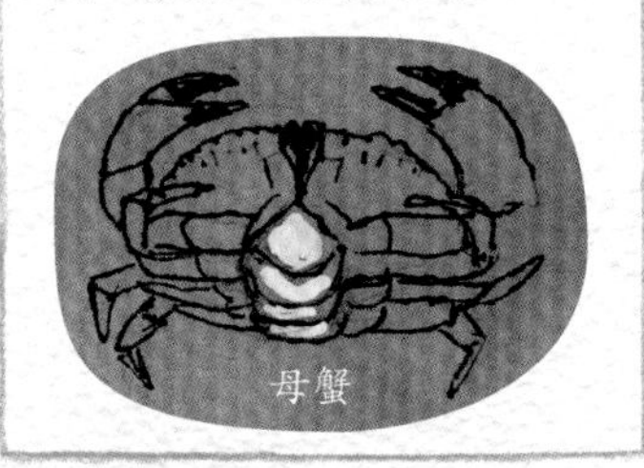
母蟹

在礁石丛中

你会发现有滨螺和蛾螺附着在礁石上面，很容易便能将它们摘下来。当然，那上面还有很多的贻贝。

在礁石之间的坑洼中，用一个铁钩去掏挖那些直径超过10厘米的洞穴，你就能抓到黄道蟹。它有个绰号叫“睡蟹”，因为它爬得很慢，而且似乎爬不远……

当你为了抓住一只梭子蟹或是其他原因而翻开了一块礁石，那么别忘记把它再放回原处，以便于那些生活在下面的小动物们可以继续得到它的庇护。

抓住它啦

抓螃蟹不需要做过多的准备，而且过程非常有意思！

在一只旧袜子里放一块肉或鱼，然后拿一根足够长的细绳系紧袜口。

把诱饵放到水底然后耐心等待，直到你发现“鱼线”开始移动。

幸运的话，这代表着一只螃蟹夹住了袜子里的肉，你需要做的就是把它提出水面，然后轻巧地抓住它。

“中式斗笠”

这是帽贝的绰号。它是一种生活在礁石上的腹足纲动物。

在涨潮的时候，它会离开礁石，刮取附近石头上附着的微小海藻当作食物。在退潮的时候，它会准确地回到之前栖息的地方，因为它的贝壳边缘已经可以完美地吻合一直供它生长的那块礁石的形状。

长脚的蜗牛

当你看到一只长着脚的滨螺在水底爬行，不要以为自己发现了一种新的海螺！这个奇怪的家伙不过是一只生活在滨螺壳里的寄居蟹而已。

它会一直居住在壳里，直到有一天这只贝壳显得太小，无法再让它容身为止。那时候它便会离开旧壳，去寻找一间更大的“房子”。

当心扎脚！

被龙螣蜇伤了

你在沙滩上走路时踩到了藏在沙子下面的龙螣？被这种鱼蜇伤会感觉到钻心的疼痛。

不过，它的毒液很容易被高温所破坏。所以被龙螣蜇到后，你可以在滚烫的沙子上走一走，或者把脚浸泡到50℃的热水中。还有另一个办法：请一位成年人拿点燃的香烟靠近被蜇伤的地方并持续一小会儿。最后，还需要对伤口进行消毒。

躲开鳐鱼

在浅海玩耍时，你必须很小心鳐鱼，因为它们中的一些种类会用尾巴上的刺来进行防卫，还有一些则会通过放电来自卫。

被鳐鱼（或魟鱼）的刺蜇到，后果会很严重：疼痛会持续好几个月，同时伤口还会有严重的炎症。为了保护自己不被蜇到，在下水玩耍前，你可以先用脚把海水搅浑使它们受惊逃开，或者先把你的轻便凉鞋扔到海水里“洗个澡”来为你探探路。

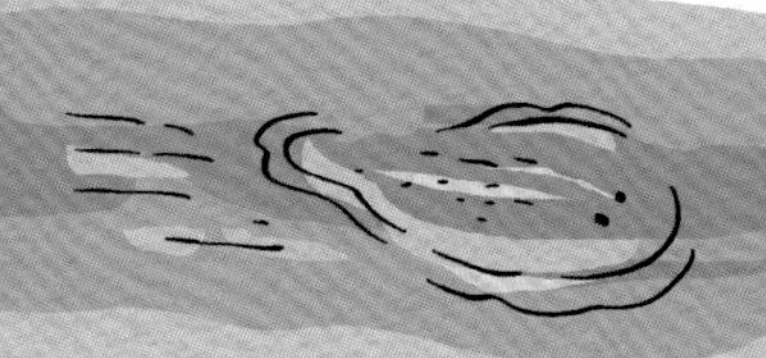

僧帽水母的危险

僧帽水母是一种群居的海洋生物。它们的外形就像一个个充气的浮球，同时还长有布满含有剧毒的刺细胞的触手。被它们的触手触及会引起皮肤灼伤、呕吐以及心脏不适等症状。这些触手很长(可达到10~50米)，而且非常细，这使得它们很难被发现。所以，当一片海域出现了僧帽水母的身影，往往会导致整个海滩的关闭！

哎哟！一只海胆

如果你的皮肤刚刚被一只海胆蜇过，需要把伤处浸泡到热水里使刺变柔软，然后用镊子和厚橡皮膏把毒刺取出来。随后，必须仔细地对伤口进行消毒。

有人中暑了，快

尽快把他安置在避开太阳直射的地方，如果可能的话，选择一个阴凉的地方。如果他觉得口渴，就小口小口地喂他喝一些水。接着，可以为他盖上湿的衣服(或者使用补水喷雾向他的皮肤喷水进行降温)。然后，赶紧给医生或救助中心打电话，因为中暑可能会引起很严重的后果。

被水母蜇伤

你用手直接触碰了一只水母？

不要用淡水擦抹伤口，而要用大量海水来冲洗，因为淡水会引发细胞感染而导致过敏。别忘了清理掉残留在皮肤表面的水母触手碎片。

然后，用湿沙子涂抹受伤的地方，把伤口里的水母触手碎片弄出来，再用一小块硬纸板刮掉。最后再用兑醋的水擦洗伤口进行消毒，也能起到稍微缓解疼痛的效果。

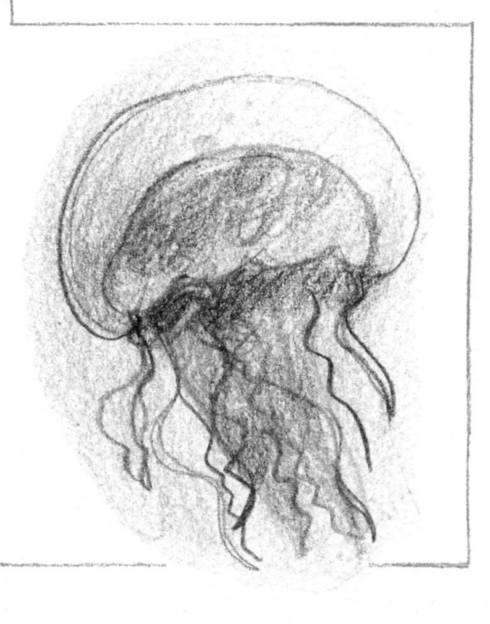

找回城市中的大自然

都市中的“丛林”

洁净的空气

你想了解周围的空气质量吗？试试下面的方法。

找一个浅色的盘子，在表面涂一层凡士林油，把它放在窗边并保证不会被雨淋到。

一个星期后，用放大镜观察凡士林油表面的那些细小颗粒：这是工厂和汽车排放的物质。

这样，你就可以直观地了解空气的质量了……

树的传奇

在城市的公园中，生长着一些来自异域的特殊树种，它们用高度和年龄书写着关于树的传奇。

在巴黎的蒙特贝洛广场，生长着整个首都最老的一棵洋槐，种植于1601年。而布洛涅森林里则生长着一大批1862年种植的黎巴嫩雪松。在里昂的金头公园里种植着8 800棵不同的树木，其中你可以看到超过40米高的银杏、北美鹅掌楸、落羽杉和悬铃木……

野生植物园

你是否发现所居住的地区有一片广阔的荒地，或是一座废弃的花园？

不妨自己动手让那里重新开满鲜花！将带有野生花卉种子的黏土块儿埋种在荒废的土壤中，几周以后就可以来欣赏你的杰作啦！

人行道上的伞菌

你有没有发现人行道上有些地方被拱起了小鼓包，甚至地面都开裂了？仔细观察一下，你可能会看见一些小蘑菇的身影。毫无疑问，就是它们顶开了人行道的沥青路面。

开满鲜花的裤子

让一条牛仔裤开满鲜花？难以置信，但又简单无比！

从破损的裤子上把裤兜拆下来，都缝到一条旧牛仔裤上。

然后把它钉在一块40×80厘米的木板上，并斜靠在墙上。找一个养花用的敞口浅花盆，装满水，把牛仔裤的下边浸在里面。

在不同的兜里都填满肥沃的泥土，用来栽种你的植物：常春藤、吊兰、秋海棠、五彩苏……每天都从上边给牛仔裤浇水，并且让下边的花盆里总保持有水的状态。

当植物都长出来，你就几乎看不到牛仔裤了！

城市中的大自然

漫步在城市中，你会感觉离大自然如此遥远。但是，好好看看你的周围！公园中的树木，组成了动物种群繁多的“森林”；工厂附近的草地中，也生活着各种植物和小型哺乳动物；高楼大厦铺满沙砾的平坦屋顶，始终欢迎鸥类来栖息；而教堂，甚至是假山，都可以成为红隼的藏身之处……

高楼上的“邻居”

大鸟的窝

鹳会用树枝、葡萄蔓藤和长草叶编织在一起来筑巢：它们会在很高的地方，例如在屋顶或者电缆塔上面，搭建一个又大又结实的平台作为它们的栖息之处。

随着年复一年的修缮，它们的鸟巢直径能够达到两米，高度也有一人来高，而重量可以超过500千克。

警报！发现猛禽

“嘁喂嘚，嘁喂嘚，嘁喂嘚，嘁喂嘚，嘁喂嘚！”你是否听到一群燕子纷纷发出这样的鸣叫声？

抬头看一看，它们一定是刚刚发现了猛禽的身影。赶紧找出你的望远镜，别错过了精彩的演出！

救助雏鸟

一只雏燕从窝里掉下来了。

最简单的救助方法，就是找一个燕子窝，然后把雏燕放进去。即使你把一只家燕放到了烟腹毛脚燕的窝里，窝的主人也会把它当成自己的孩子一样照顾。

回家

欧洲的燕子每年9月会飞往非洲大陆，待到春天来临时再飞回欧洲。如此飞行12 000千米只为了在冬季能找到足够的食物果腹。

它们通常会在3月底、4月初的时候回来，并选择重新入住前一年筑好的巢。但如果窝已经被毁坏或者被别的鸟霸占，它们便会重新衔泥筑巢。

雨燕的纪录

年轻的小雨燕能够连续飞行两年，飞行距离可以达到500 000千米。

鹳还是鹤

从侧面仔细观察它们的外形：如果它的长腿和嘴巴一直保持屈膝颔首的姿势朝向地面，感觉就好像累坏了一样，那么这是一只鹳。

如果它的脖子和长腿都伸展着，身体修长而笔直，那么这是一只鹤。

带翅膀的小伙伴

“五星级酒店”

为山雀建一个窝，让它们可以舒适地过冬。

1.在大人的帮助下，将一块长115厘米、宽15厘米、厚2厘米的木板锯成4块，尺寸分别是：一块30厘米×15厘米，用来做鸟巢的背板；一块20厘米×15厘米，用作屋顶；一块15厘米×15厘米，用作底座；一块17厘米×15厘米，用作屋门。然后再锯两块直角梯形木板当作鸟巢两侧的挡板，梯形的下底边长20厘米、上底边上17.5厘米、高15厘米。

2.在用作房门的木板中间开一个孔，如果是供蓝山雀居住，则开口的直径应为2.8厘米；而如果是供大山雀居住，开口的直径需要在3.3厘米。

3.把这些木板组装到一起，一个鸟巢就做好了。在大树上找一个你家猫咪够不到的地方把它挂上去就可以了。

丰富的筑巢材料

为了帮助小鸟们筑巢，可以在你的花园里随便放置一些小的干草垛、鸟的羽毛、脱落的成绺的狗毛等。

小鸟们能用这些东西来修筑它们的窝。甚至，你还可以在花园里挖一个小水洼，燕子们会从水洼旁边叼衔淤泥来搭建或修缮它们的窝。

1，2，3……599，600

为了判断出一大群飞在空中的椋鸟的数量，可以先从鸟群的一端算起：以同一个点为坐标，横向数10只鸟，纵向再数10只鸟。

这10×10的面积里，包含了100只鸟，把它整个想象成一个大气泡，再算算这群鸟的面积大概能划分成几个同样大小的“大气泡”：如果是6个，那就意味着这群鸟大概有600只……

嗑瓜子

用铁丝把一个瓜子饱满的向日葵花盘悬挂在树上，这样山雀就能轻松享用啦。

食品柜

动手为小鸟们制作一个提供种子的简易“食品柜”！

拿一个利乐包装的牛奶盒，从中间位置剪开，在其中装满各种种子（小米、小麦、大麦等），然后用绳子把它悬挂在树枝上。

注意一定不要添加盐渍过的种子，因为它们对鸟儿们来说是有毒的。而且，一定要在真正需要的时候（例如严寒、下雪的时候）再为它们提供这些食物，以免使它们对此产生依赖性。

花园的不速之客

欢迎蝙蝠的到访

为它们打造一个“家”。作为回报，它们会让你摆脱苍蝇和蚊子的困扰，因为这些扰人的蚊虫是它们的美餐！

在窝的背板上钉两根木条，然后用锉将内表面打磨得凹凸不平，以便让蝙蝠悬挂其中。

为小窝盖上一个顶，再装一个带合页的门。将做好的“小房子”面向南方悬挂在至少4米高的可以遮风避雨的地方。当蝙蝠在里面休息的时候，不要去打扰它们哦！

松鼠出没

如果你在大树底下看到一堆榛子壳或者看到被掰成两半的胡桃，那么你可以确定这附近有松鼠出没。

这些机灵的小家伙通常会先在榛子的一头嗑开一个小洞，然后再用门牙把它咬成两半，这样就可以享受美味了。由于它们经常在同一个地方活动，所以吃剩的果壳就成堆地留在了树下。

像在自己家里一样

在美国，20世纪80年代末期，100万只蝙蝠在奥斯汀市的一座桥上安了家，这让当地居民感到恐惧，甚至希望消灭它们。但蝙蝠研究专家梅斯·默林·塔尔特向人们解释，这些小家伙其实是有益无害的：它们能有效地消灭当地的各种害虫。

在此之后，成千上万的游客来到这里，只为了欣赏蝙蝠齐飞的景象。

过街天桥

为了让城市中的松鼠不再受到汽车碾压的威胁，生态学家尝试在道路两侧的树上拴上绳索来方便这些小家伙过马路。你愿意在生活的城市里也为松鼠们搭上“过街天桥”吗？

追寻狐狸的踪迹

一些城市中偶尔会有狐狸现身，但它们只在夜间行动。怎样才能观察到它们的身影呢？

狐狸喜欢树莓，所以不妨到郊外荒野的树莓丛去找找看。秋天，当树莓成熟时，经常到这些树丛附近转转就可以发现狐狸的行踪：它们会来享用那些它们够得到的树莓果实，并在附近留下黑色粪便以标示领地。

不受欢迎的客人

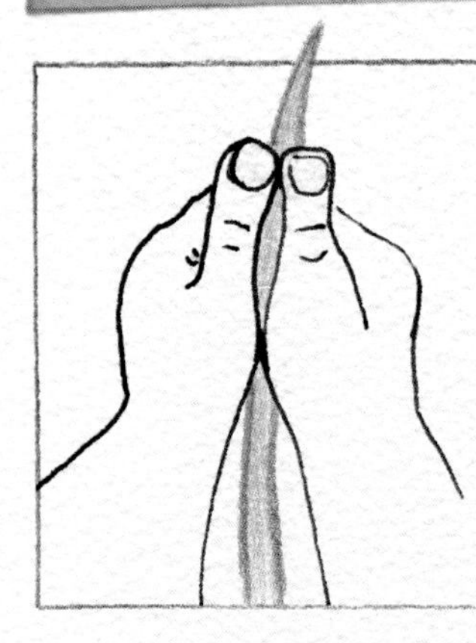

像老鼠一样吱吱叫

拿一小段草叶，用两手拇指夹紧。然后把拇指分开一点，用嘴吹两个拇指间缝隙处的草叶。

草叶发生振动，会发出尖锐的声音，就像老鼠的叫声一样。要注意的是，叶子的宽度不一样，发出的声音也会不一样哦。不妨多试几次看看！

让蚂蚁停下来

用粉笔在地上画一条线，蚂蚁是没法跨越这条线的！此外，蚂蚁也不喜欢桂皮和柠檬的味道。把它们撒在蚂蚁前进的路线上，你就能轻松地让这些小东西绕道而行了。

驯服一只老鼠

你想结交一位新朋友吗？只要你有足够的耐心并留心观察。

作为一种夜间活动的动物，老鼠害怕见光。可以在夜里放一盏夜明灯，让它慢慢适应这种柔和的光线，并且总是在同一个地方撒上一些粮食或奶酪。

如此一周以后，你就可以远远地进行观察了。一开始，它肯定会被你的出现吓到，不过只要你保持不动，它就会当你不存在一样快速地把地上的食物吃掉。随后的每天，尝试一点一点地靠近，让它慢慢适应，直到最终你可以坐到跟前而不会吓到它。

专为黄胡蜂准备的琼浆玉液

真是一个巧妙的陷阱!

拿一个塑料瓶，把最上边的三分之一瓶体完整地剪下来。在瓶底倒上糖浆(或随便什么甜味饮料)或者果酱。

然后把剪下来的那三分之一瓶体再安回瓶子上，但这一次要瓶口朝下。黄胡蜂会飞进瓶子来享用美味，不过一旦进来了就再也别想飞出去。

为苍蝇设下的天罗地网

用纯天然的方法来对付这些家伙。在家里养几只蜘蛛，它们最喜欢吃苍蝇了！如果还有“漏网之鱼”，可以在屋里悬挂几个插满丁香的柠檬，这毫无疑问能让苍蝇退避三舍！

“白衣女子”

仓鸮绰号“白衣女子”，因为它经常会让乡下人感到恐惧。

惨白的脸和悄无声息的飞行使它们看起来异乎寻常，甚至如幽灵般诡秘。更糟糕的是，栖息在谷仓的它们，时不时会发出打鼾般的呼呼声或刺耳的尖叫声。当它们落在楼板上的时候，看上去很容易被误认为是人呢……

阳台上的“自然保护区”

“自然保护区”

你可以在家里的阳台上创造一个动植物种群丰富的“自然保护区”。

到了秋天，爬在墙上的常春藤熟透的果实便成了鸟儿们的美味佳肴。开满野花的花盆架吸引着蝴蝶的驻足。钻好孔的木柴，成为了失群蜜蜂的新家。盛满水的小盆，为那些口渴的昆虫们提供了水源。

用花盆为熊蜂搭建小窝

在如今的城市中，熊蜂的栖息地变得越来越少了。不妨让我们为它们提供一个住所！

把一个破旧的草帽塞进一个小花盆里，然后把小花盆翻转过来，盆底朝上地埋进一个盛满土的大花盆里，这对于熊蜂来说就是一个简单的家园了。

用一块木板把它整个遮盖起来，以免它受到雨水的侵扰。

轻松搞定墙壁装饰

你家阳台有一堵墙的墙面被损坏了?在等待重新粉刷之前,不妨先想个简单的法子把它遮掩起来。

在墙边立一个金属网,然后在墙角下放一个大花盆,里面种上牵牛花。几个星期以后,破损的墙壁上便会爬满五颜六色的鲜花。

香料植物塔

你将会拥有很多调料,让你能做出众多美味小菜。

找三个花盆,花盆的尺寸要一个比一个大,每个里面都放上半盆高的泥土。

在最大的那个花盆的边上,种一圈薄荷、香芹和罗勒。把第二个花盆放到前一个花盆里,让它正好有一半露在外边。在这个花盆的边上,种一圈细香葱。再把第三个花盆按照同样的方法放到第二个花盆里,在这里种上一些喜热的植物,例如百里香、鼠尾草。这样,一个三层的“香料植物塔”就搭好了,然后把它搬到阳光充足的地方就好了。

城市中的花蜜

农药(包括杀虫剂和除草剂)被大量应用于乡下的农田,这不但造成了大批蜜蜂的死亡,同时也断绝了它们很多的食物来源。于是,蜜蜂们纷纷来到城市避难求生。公园里、阳台上、花园中的植物都为它们提供了大量的天然蜜源。

巴黎、里尔和马赛都在一些建筑屋顶下或者公园里安置了蜂箱。其中,巴黎的一个蜂箱可以产蜜60千克,是乡下蜂箱产量的四倍之多!

做个金牌园艺师

保暖

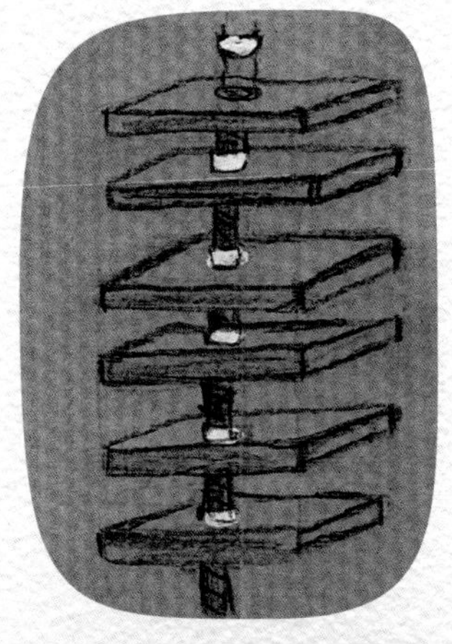

这个装置能帮助瓢虫更好地抵御冬日的严寒。

你需要准备：
* 6块胶合板（15厘米×20厘米）
* 一根螺纹杆（直径7毫米）
* 7枚螺母

1.请大人帮忙在每块小木板的中间都钻一个直径为7毫米的小孔。用一根带螺纹的杆把几块木板串联在一起，每两块木板之间拧上一枚螺母，并把它们分开，就像制作一个“木板三明治”一样。

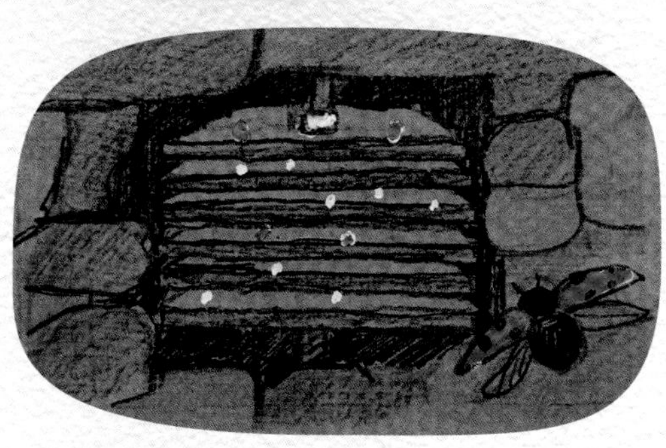

2.把做好的装置挪到一个干燥而阳光充足的地方，并放在一堆石块里或者一扇窗户下面。

3.不用给它刷漆，也千万别在冬天把它打开：这会让躲在里面的瓢虫被冻死。

吸引蝴蝶

可以变成蝴蝶的毛虫，靠吃植物的叶子为生。帮帮它们！

黑刺李是旖凤蝶幼虫的理想食物，胡萝卜和茴香是金凤蝶幼虫最喜欢的美餐……

你可以在花园里种满荨麻：有30种不同种类的蝴蝶幼虫以它的叶子为食！

而为了养活这些由毛虫蜕变而成的蝴蝶，你可以再种植一些产蜜的花卉：醉鱼草、百里香、旱金莲等。

未经开垦的草地

在花园里，你可以保留一个角落，不去刻意种植任何花卉也不去修剪草坪，就放任它自然生长。埋藏在地里的种子将慢慢生根发芽，紧接着这片草地上将鲜花盛开。

昆虫们将在这里找到食物和藏身之处，而这些昆虫又会吸引很多小型哺乳动物和鸟类的光临。渐渐地，你的花园里就拥有了一个物种丰富的生态环境。

五颜六色的石子堆

对于各种昆虫和蜥蜴来说，在花园中拥有一个天然的小角落就是莫大的幸福！

先用深色的大石块堆砌一个朝南的、坡度平缓的小山丘，然后再在上面铺上一层略带沙质的土壤，这样的构造让小山丘能很好地吸收和积累阳光的热量，从而使这里比别处温度更高。

然后，在这里种上芳香植物（例如百里香、鼠尾草、薰衣草等）和多肉植物(例如景天或仙人掌等)。

绿色肥料

在花园里播种上小麦、黑麦或大麦之类的作物。等到第二年春天，在开花前就把它们收割下来并捣碎。把这捣碎的绿色混合物埋到土壤里，然后再重新种植上新的作物！这绿色的生物肥料能更好地保护土壤，并让土壤更肥沃，从而提高土地的产量。

藏起来的好朋友

舒适的房间

当秋天结束的时候，刺猬们开始寻找一个用来冬眠的藏身之处。帮它们搭建一个过冬小屋吧！

把几根50厘米长的木柴在地上紧紧扎成一排，然后紧贴着它放置大约40厘米宽的一排短木柴（每根木柴约20厘米长），接着在短木柴旁边再放上几根50厘米长的木柴。这些木柴中间留出的空间就形成了一个房间。

在空出来的地方铺满枯叶，在顶上搭一块木板并盖上一层防雨篷布，以防止它漏水。然后在篷布的上面再堆几根木柴把它紧紧压住，并把窝的两边固定好就可以了。

鼹鼠丘里一定有鼹鼠吗

在你看来，一个满是鼹鼠丘的花园中一定生活着很多鼹鼠？但实际情况不是这样的……

这只是意味着这块土地很贫瘠，以至于鼹鼠不得不一刻不停地挖掘新的地道来攫取足够的蚯蚓。在这个过程中，大量的土壤被推到了地面上，形成了我们所看到的鼹鼠丘。

所以事实是土地越贫瘠，生活在这里的鼹鼠就越少，而地面上出现的鼹鼠丘反而越多！

“佐罗”

园睡鼠是一种身手敏捷的老鼠，它能沿着墙壁自由地攀爬。

各种干鲜果品是它们喜爱的食物，尤其是苹果、梨、胡桃和榛子，以至于它们会毫不犹豫地闯入谷仓去窃取这些果实。不必惊讶于这些小东西被冠以“佐罗”的绰号，因为它们的眼睛周围真的生长着一副“黑色的面具”……

救助刺猬

这种动物习惯于夜间活动，但身上常常寄生有蜱虫，这种小虫会咬伤它们的皮肤……

如果你在白天发现了一只受伤的刺猬，要赶紧想办法把它隐蔽起来，以防苍蝇在它皮肤上外露的伤口中产卵。

拿一个开口的纸箱，倒着扣放在花园的一个阴暗角落里，在纸箱的一侧开一个口以便刺猬可以自由出入。在纸箱内铺上干草和树叶，戴上手套小心地把刺猬放进纸箱。

给它准备些清水，但千万别给它喝牛奶。也可以给它放一些条状或丸状的狗粮作为食物，但请记着它从来不吃面包。

朋友还是敌人

你希望把那些在花园中不停挖洞的鼹鼠清理出去？但是你知道吗，它可是园丁的好帮手。

鼹鼠以蚯蚓为食，所以并不会糟蹋花卉和蔬菜。它们挖的地道可以让地下空气流通得更顺畅，同时也更有利于雨水的渗漏。唯一的小问题就是那些有碍观瞻的鼹鼠丘……不过，你只要把它们铲平就好。

索引

A

螯虾 112, 113

B

白斑狗鱼 120, 121
白蜡树 13, 116
白鼬 57, 60
瓣胃 75
孢子印 40
薄荷 10, 157
背阴坡 4
比拉沙丘 132
比利牛斯岩羚 26, 27
蝙蝠 23, 152, 153
滨螺 140, 141

C

采集网 125
仓鸮 155
苍鹭 114, 115
苍蝇 41, 95, 121, 152, 155, 161
层积云 4
层云 4
蝉 87
蟾蜍 106, 107
产婆蟾 106
颤蚓 125
长耳鸮 61, 69
潮汐 130
赤鸢 84, 85
吹火筒 49
雌蕊 73
刺猬 69, 160, 161
脆蛇蜥 79

D

大斑啄木鸟 58, 59
淡水龟 100
灯芯草 94, 100
颠茄 42
电鳐 140
鲽鱼 140
动物足印 90, 91
洞螈 23
豆娘 95
毒堇 43

E

鹅耳枥 36, 58
蛾螺 140
萼片 73

F

风标 129
风向袋 129
蜂王浆 63
蜉蝣 95, 125

G

高层云 4
高积云 4
鹳 148, 149
鲑鱼 122, 123
鬼脸天蛾 81
蝈蝈 86, 87

H

海胆 137, 143
海平线 130
海星 137
海藻 134, 135, 136, 141
旱獭 28, 29, 30

河蚌 112
河狸 115, 118, 119
河乌 115
褐鳟 110
鹤 149
黑鸢 84, 85
黑啄木鸟 58
横纹金蛛 64
红隼 69, 84, 147
魟鱼 142
猴面鹰 60, 61
狐狸 54, 55, 77, 83, 90, 91, 153
槲鸫 38
槲寄生 38
蝴蝶 80, 81, 95, 156, 158
胡蜂 62, 63
胡兀鹫 30
花瓣 10, 68, 71, 72, 73
花鳅 110
化石 20
獾 54, 55, 63, 77, 91
环标 59, 82, 114
蝗虫 86, 87
黄胡蜂 62, 63, 70, 88, 155
火绒菌 40
火蝾螈 106

J

积雨云 4
积云 4, 130
姬鼠 56, 60
寄居蟹 141
蓟 39
接骨木 49, 62, 68, 117
金雕 30
菊石 20
聚合草 101
卷积云 4
卷云 4
菌丝体 41

K

鵟 85
蝰蛇 78

L

老鼠 60, 154, 161
雷雨 4, 5, 15
类叶升麻 43
鲤鱼 105
栗树 13
椋鸟 151
林鼬 114, 115
伶鼬 56, 57, 60
铃兰 42
流星 16, 17
瘤胃 75
龙螣 142
鲈鱼 104, 105

M

马鹿 52, 53
蚂蚁 88, 89, 133, 154
鳗鱼 113, 122, 123
盲鱼 23
猫头鹰 60, 84
毛虫 70, 79, 80, 81, 158
毛蛤 134, 137, 139
茅膏菜 96
帽贝 141
蜜蜂 62, 63, 156, 157
绵羊 74

N

奶牛 74, 75, 83
泥炭藓 97
泥炭沼泽 96, 97
鲇鱼 105
鸟哨 59

女巫环 41, 53

O

欧螈 106
欧洲赤松 24
欧洲沙苇 132
欧洲水貂 114, 115
欧洲泽龟 100

P

盘羊 28, 29
孢子 52, 53, 77, 91
瓢虫 88, 89, 158
蒲福风级 128
蒲公英 10, 39, 72, 81, 131

Q

桤木 117
槭树 39
侵蚀柱 3
青蛙 107
蜻蜓 94, 95
荨麻 10, 11, 80, 81, 158
秋水仙 43

S

伞菌 40, 147
僧帽水母 143
沙丘 3, 132, 133, 134
沙蚤 134, 135
山雀 83, 150, 151
闪电 4, 5
十字标尺 37
石貂 56, 57, 69
石蛾 113, 125
石笋 22
石蝇 125
树莓 62, 69, 153
水黾 99
水母 143
水青冈 2, 24, 35, 36
水鼠 114, 115
水獭 113, 115, 119
水蛭 125
水蛛 99
睡莲 73, 100, 101
松貂 56, 57
松鼠 56, 57, 69, 152, 153
松树 4, 9, 56, 61
松鸦 69, 83

T

太阳 5, 14, 17, 18, 130
太阳灶 49
糖果 134
田鼠 54, 60, 69, 76, 77, 85, 91
鲦鱼 110, 124
秃鹫 31
唾余 60, 61

W

网胃 75
苇莺 94
乌鸫 69
乌灰鹞 70
乌头 42

X

喜鹊 59, 69
蟋蟀 86, 87
蜥蜴 69, 78, 79, 159
鲜花时钟 73
香料植物 157
向日葵 10, 151
向阳坡 4

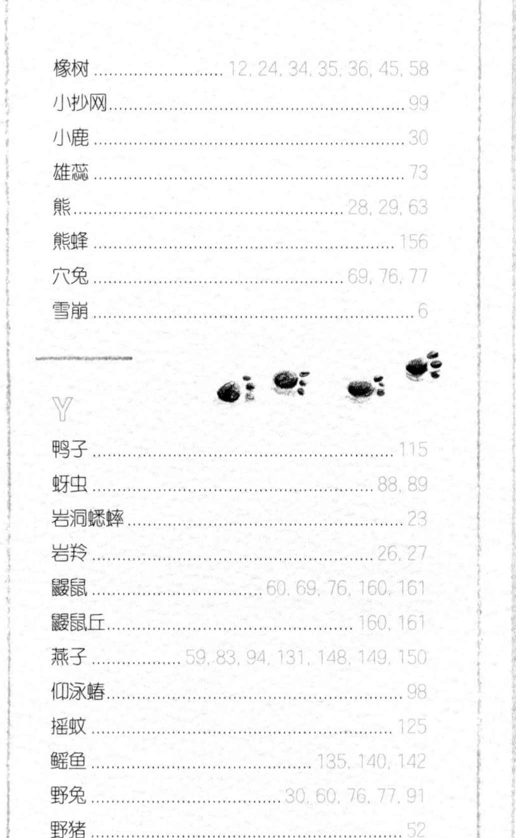

橡树 12, 24, 34, 35, 36, 45, 58
小抄网 99
小鹿 30
雄蕊 73
熊 28, 29, 63
熊蜂 156
穴兔 69, 76, 77
雪崩 6

Y

鸭子 115
蚜虫 88, 89
岩洞蟋蟀 23
岩羚 26, 27
鼹鼠 60, 69, 76, 160, 161
鼹鼠丘 160, 161
燕子 59, 83, 94, 131, 148, 149, 150
仰泳蝽 98
摇蚊 125
鳐鱼 135, 140, 142
野兔 30, 60, 76, 77, 91
野猪 52

贻贝 137, 139, 140
蚁狮 133
鳙鱼 110
游蛇 78
游隼 30, 31
榆树 39, 45
虞美人 10, 71, 72
羽扇豆 10
雨燕 5, 149
玉米 70, 71
园睡鼠 161
羱羊 26, 27
月亮 5, 17, 18, 130
云杉 24, 25, 58, 61, 124

Z

蜘蛛 64, 65, 99, 155
钟乳石 22
皱胃 75
竹蛏 138
鳟鱼 110